JN039045

蘇った日本の原風景から

里山風土記

山野草編

高久育男著

国書刊行会

次の世代へ

これから後に続く世代の人たちに、少しでも良い日本を残してあげたい。

人と自然の関わりは、嘘偽りがない、嘘偽りが通じない
人間の暮らしの原点があるところです。
その原点を大切にする心が育まれるような、
そんな環境を残してあげたいと思う。
それが日本の本当の豊かさに通じると信じるからです。

この本とこの本の中に出てくるすべての取り組みは、
次の世代の人たちが、穏やかさと、おおらかさと
そして日本人としての誇りを持って
新しい時代を創造していってくれることを願って、
微力を尽くしたものです。

里山風土記・山野草編　目次

本書の舞台となったところを簡単に説明しておきましょう。

関東地方最北の町、栃木県那須町のとある里山です。那須連山を背景にした典型的な里山地帯で、水田がありその周りに雑木林があり、魚のたくさんいる小川が流れ、ため池が点在し、平坦な地形で、緩く曲がりくねった道が地域の真ん中を通っています。

田圃の畦道は昔ながらのとても古い道で、季節ごとに草花が咲き、小鳥が囀り、トンビが舞うようなところです。生活や農業用水は御用林を源流とする那須山の伏流水で、その水を使って、この地で生産されるお米がおいしいことは言うまでもありませんが、小さな水田地帯ですから、収穫量はたかが知れたもの。

このような里山地帯が元気にならなければ、日本は味気のない、のっぺらぼうの国になってしまいます。里山林を抱えた古くて小さな農村地帯ほど、普段着の理想郷を作るには最適な条件かもしれません。現代の交通網と情報網をもってすれば、もはや地方は都会から隔絶された空間ではないのです。

地方と都会がうまく組み合わさり、異業種が連携して一体となる業態を創造していくことが、これからの時代の本当の豊かさへと繋がることでしょう。何があっても命をつないでいくことができるという安心感、この安心感を得るには農村里山地帯を抜きには考えられないのですから…。

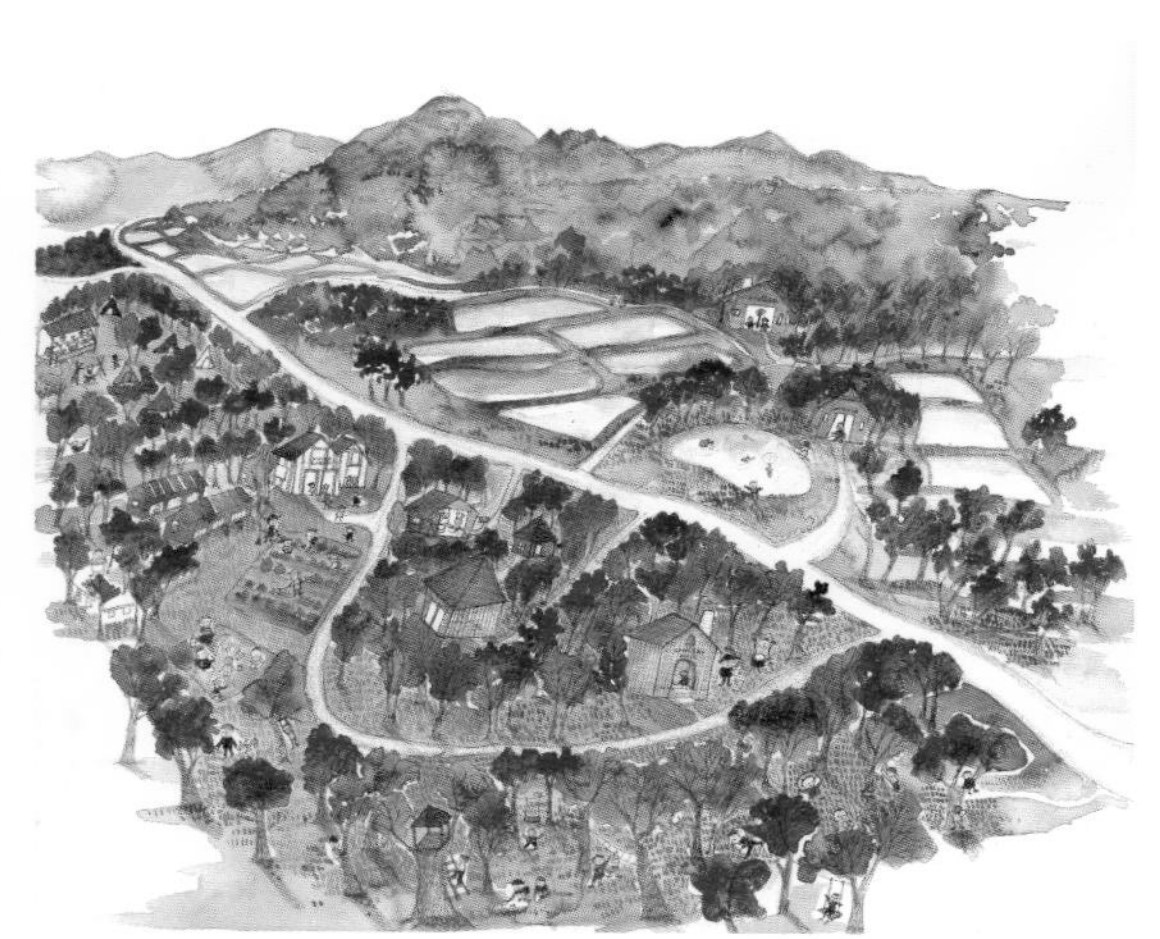

那須連山を背景にした現地のイメージ。(作:米倉万美)

里山風土記　山野草編

はじめに

これから、この本全体を通して、現地の写真を交え、かつ野の草花から様々なヒントをいただきながら、三つのことを今の世の中に問いかけたいと思っています。

一　今現在の、日本の里山の現状を一人でも多くの方にお伝えしたい。そして、街中にお住まいの方にも一緒にこの現状について考えていただきたいのです。日本国土の四十パーセントを占める里山、この広大な面積を貧相なままにしておいても良いのでしょうか。

二　里山が本来のあるべき姿に戻ったときに、いかに多くの可能性が見えてくるかを、実践を持ってお伝えしたい。そして、仮想世界偏重の世の中だからこそ、余計にその価値が高まってくることを感じていただきたいのです。

三　昭和の半ば以降から平成を通して、人と自然の繋がりが切れてしまった現状を鑑み、改めて人と自然のあり方を問いたい。なぜなら、生きることの原点が、暮らしの原点が、ここにあるからです。

以上、三つの主要なテーマを可能な限り、様々な角度から今の世の中に問いかけることが、半世紀の間眠っていた日本人の自然に対する感覚を呼び覚ますことにつながればと願っています。

*

荒れた里山の整備に取りかかってからすでに十五年以上が経ちました。その間の野草の変化を見てきましたが、種類においても、構成バランスにおいても十五年前とは雲泥の差だと思います。残念ながら整備を開始する時には植生調査をしておりませんでしたので、断言はできないのですが、そんな気は起こさせないほどに植生のバランスは偏っていました。このあたりのニュアンスについては、四十五年間いちども手を入れられずに荒れたままの状態で放置されてきた所がありますので、今回その一角の整備状況をレポートしたいと思います。それを見ていただければ、おおかた理解していただけるのではないでしょうか。植生の貧困さ、倒木の多さ、そしてゴミの量の多さ、目を覆うばかりです。しかし、今の日本の多くの里山において、この状態が特異という訳でもありません。ほんとうに残念なことですが、まさに時代の意識がそうさせたとしか言いようがありません。

　レポートの状況は話の流れからすれば、本来は巻頭で紹介するところなのでしょうが、本の最初に配置するにはあまりにも醜い写真を掲載せざるを得ないので、あえて後半のページとしました。

*

　さて、蘇った日本の里山には、一体どれだけの山野草が自生しているのでしょうか。山野草調査を実行したフィールドは、広さにしておおよそ六百メートル圏内です。樹木編の舞台となったのは約二十三ヘクタール（七万坪）でしたが、その中から場所ごとの特徴を考慮し、四つのエリアを選定しました。以下、それぞれの特徴をビフォー・アフターを兼ねながら紹介してみましょう。

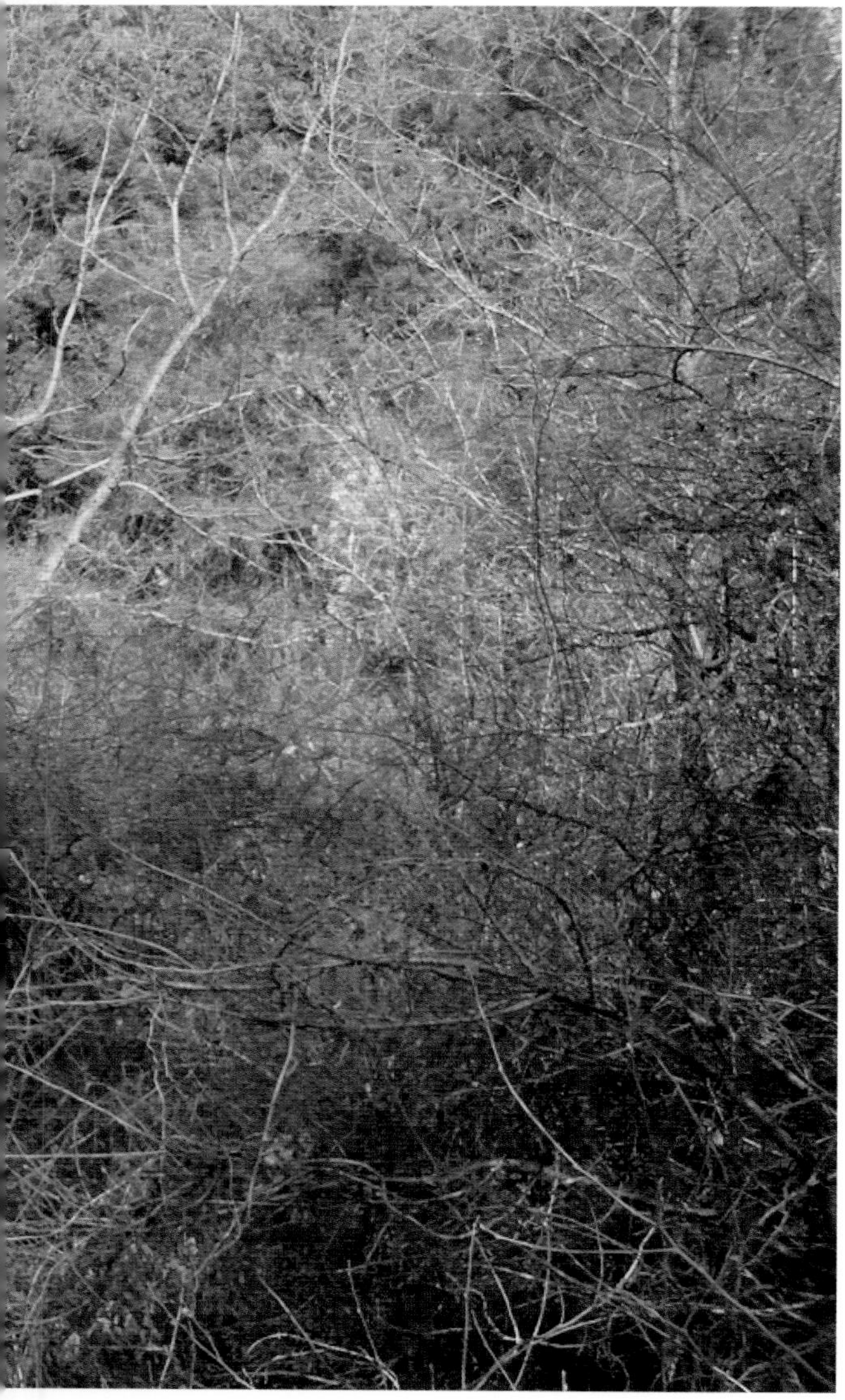

フィールド1
Before
整備前

現実を前に、手の施しようがなく、途方にくれたところ。

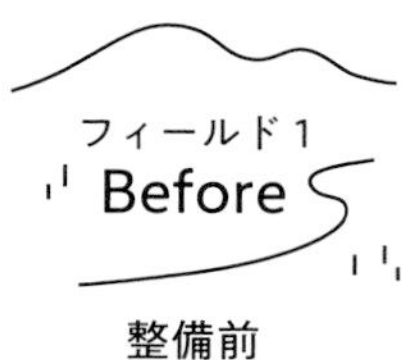

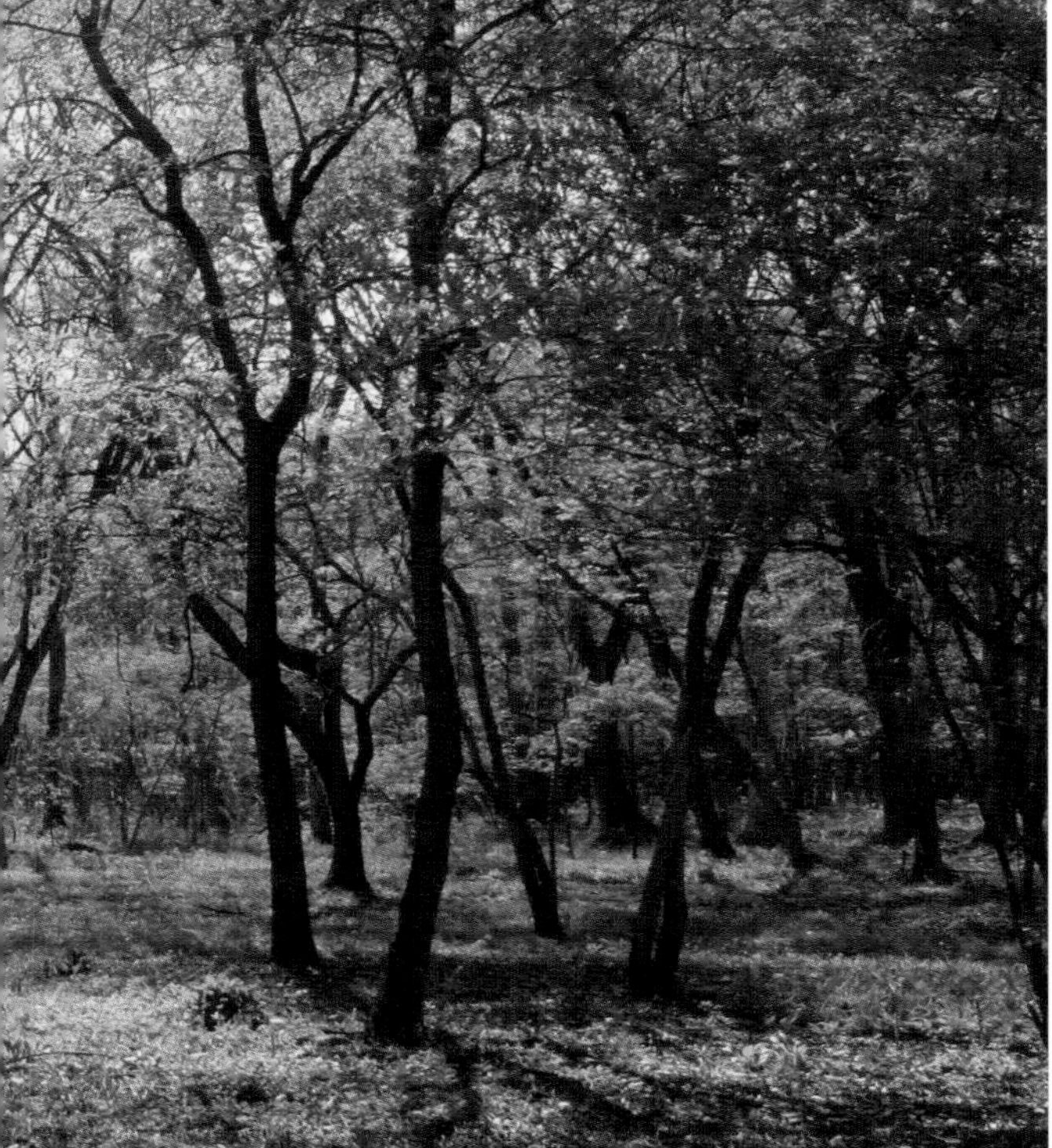

整備後

囲まれているのに明るい。安心できる空間が誕生しました。

調査フィールド① 整備前

現実を前に、手の施しようがなく、途方にくれたところ。

カメラのアングルを右にずらしても左にずらしてもこれ以外の姿には写らない状態でした。丁度この下の地面が準湿地状態です。そして森の中の一角で光が差すところでしたから、放置すればするほど荒れ方が酷かったと言うことなのでしょう。逆に言えば、植物の生育条件としては、良い条件を備えていたということです。

真冬に撮影しています。これが真夏だったさらに酷い状態に写っていたことでしょう。この状態を整備し、本来の里山の状態に戻した後の写真が次ページ、フィールド①・整備後の写真です。それ以後、本来の植物多様性が復活してきました。

調査フィールド① 整備後

囲まれているのに明るい。安心できる空間が誕生しました。

今回の調査エリアの中では一番に種類の多かったところです。正確には勘定しておりませんが、百種類ぐらいはあったと思います。

写真左手に見えるのがハンノキで、湿地性を好む木です。その他、ズミやミズキと言った同じく湿地条件を好む木が多い場所です。日当たりも良く、風通しも良く、それでいて周りが樹木に囲まれた山林の中の小さな広場。この場所を中心にしたおよそ面積にして五千坪空間が第1調査フィールドです。

春、サクラソウの群生を皮切りに、次々と野草が姿を表してくるところで、コシジシモツケソウの数

もかなり増えました。ギボウシはほぼ群生状態。チダケサシ、ヒメシロネも数え切れないほど。

このフィールドの東方向を写した写真が上の写真です。林縁方向から朝日が差してくるところで、写真中央のほんのりピンクに見えているところは、サクラソウの第二群生予備軍地。ここにはツリフネソウの準群生状態も見られ、林縁部分にはオカタツナミソウが小群生を作っています。

朝日が差し込んできて、清々しい空間になっていますが、それ以前は、背丈の高い笹が密生し、日も差さず薄暗い空間でした。この朝の景色を取り戻すことで、山野草の生育環境が復活したのです。

人間でも、この朝日が差す森の中で深呼吸をしたら、元気になると思いませんか？　それに発想の仕方が変わってくることでしょう。豊かに生きるとは、どう言うことなのでしょうか？　それぞれに問われる時代が始まった、と思われますが、いかがですか…。

整備前

真昼でも不気味な空間でした。

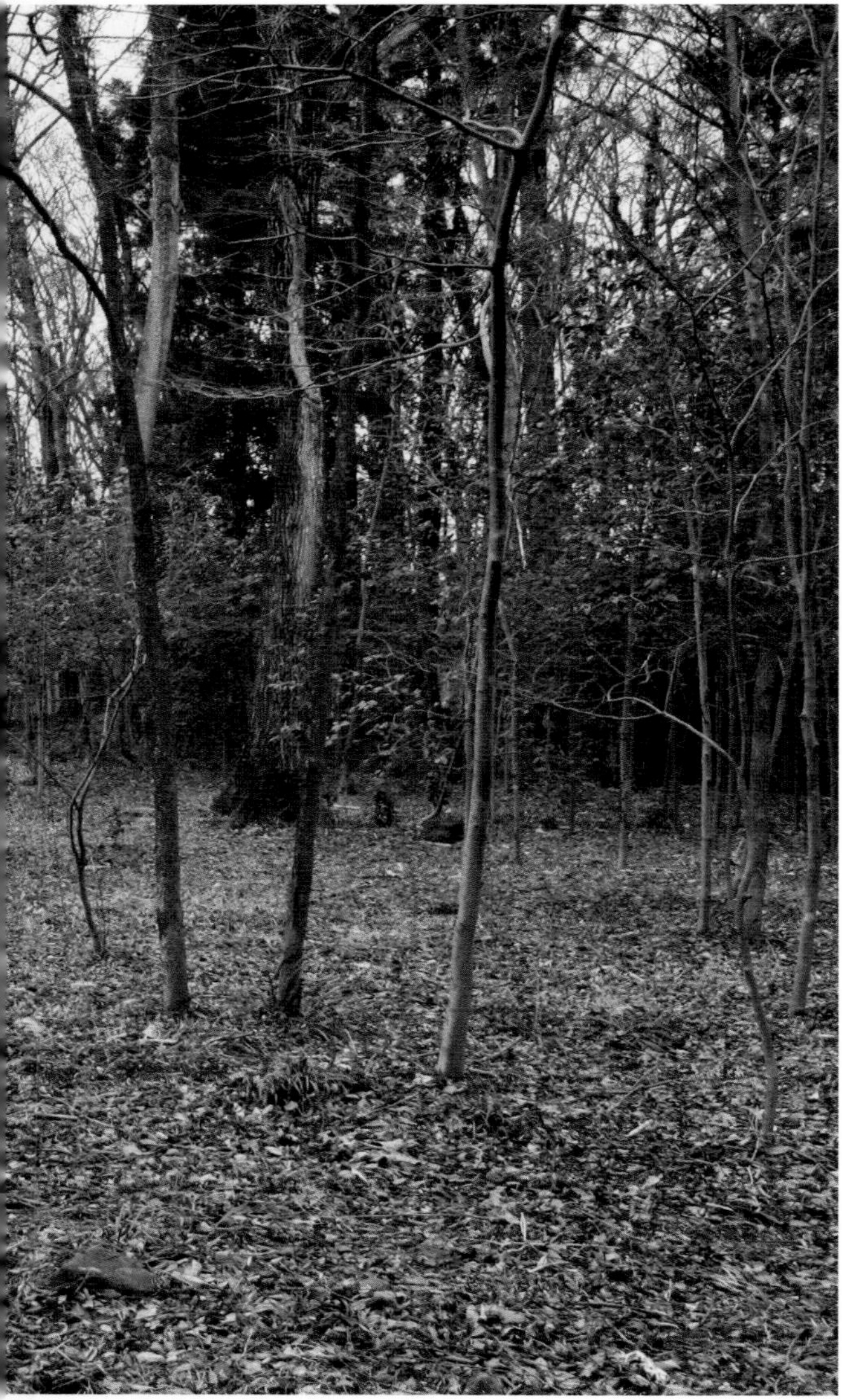

フィールド2
After
整備後

奥まで見通しのきく風景が生まれました。

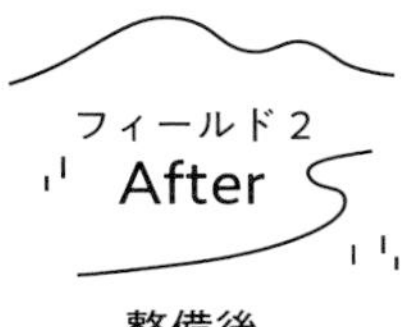

調査フィールド② 整備前

真昼でも不気味な空間でした。

このフィールドは広さにして約三千坪。五十年前は八幡様を中心に雑木林、畑があったところです。雑木林としても古く、生えている木は大木だと樹齢二百年ぐらいになっていると思います。

このエリア一帯が、時代の流れとともに利用されなくなり、つい近年まではご覧のような状態でした。千坪ほどが真竹に占領され、竹林としても末期状態。五百坪が高さ四㍍のアズマネザサに占領され、猫も歩けない状態。残りの千五百坪が熊笹の笹海原と杉の植林地。

昼間でも暗く、陰鬱な空間で、どの角度から写真を撮っても、この写真とほぼ同じ。この状態から、次ページの写真にあるような風景に戻ってから、数と言いバランスと言い、山野草の宝庫の一つとなっています。風景も明るく、清々しい空間に生まれ変わっています。

調査フィールド② 整備後

奥まで見通しのきく風景が生まれました。

写真左側の木がオニグルミ。そのずっと奥にはハルニレの大木。そしてヤブツバキの群生地。

この場所の植生は、第1フィールドとは違いますが、やはり山野草が好む条件の一つだと言えます。カタクリの群生地があるのもこの近くです。ヤマルリソウはまさにこの写真中央のあたりに生え、随分個体数も増えてきました。その他ヤブランは満遍なく、ミズヒキはほぼ群生状態、エビネやサイハイランもこの写真の一角に生えています。

以前は超高密度の真竹の藪でしたが、今は、場所を限定し、その一角だけを竹林に残してあります。極めて意図的な管理の仕方ですが、里山とは本来そういうもの。放置状態にすることで、人間の暮らし空間は、自然から無言の反撃を受けているだけなのです。

上の写真は、おおよそ同じ場所の真夏の風景です。目の前まで迫っていた藪がなくなると、景色が生まれます。奥まで見通すことができます。これが本当は一番大切なこと。心地よい風景が生まれた時に、それは山野草にとっても好ましい生育条件ができたということです。

専門家でなければ里山を復活できないわけではありません。必要条件は、暮らしの中で関わるということ、「継続」です。その関わり方を時代ごとに創造すれば良いだけのことです。極めて単純なことなのですが、関心がなくなるとは恐いもの。時に思わぬところから、痛手を被ることにもつながりかねないのです。そろそろ生きることの原点を見直す時が来たのではないでしょうか。

整備前

泣きたくなるような現場でした。

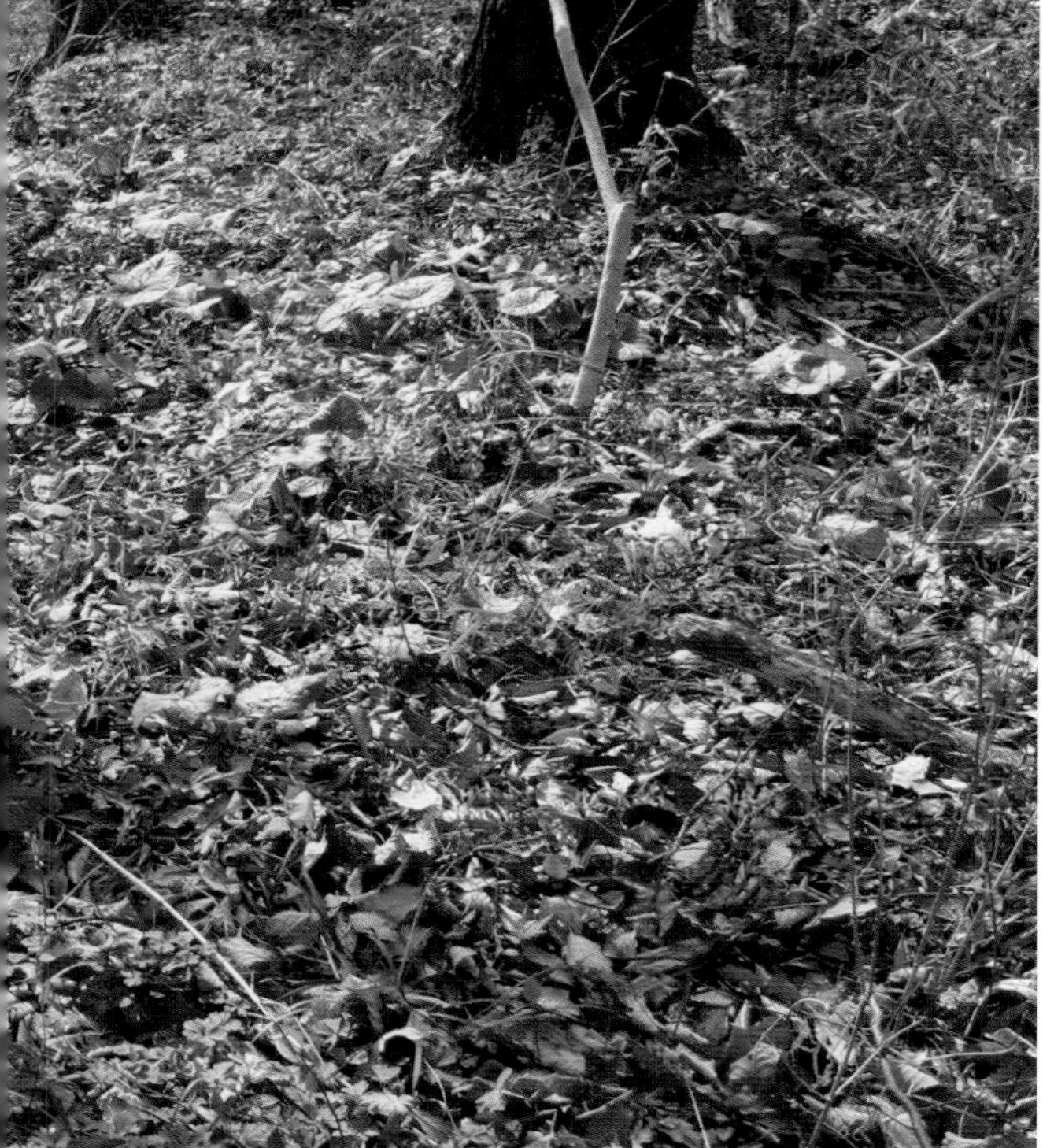

整備後

早春、川沿いの森は、ウグイスと山野草の共演地。

調査フィールド③　整備前

泣きたくなるような現場でした。

写真左手にほんの少し川の姿が見えますが、川岸はアズマネザサが密林となってまるで壁のような状態です。背丈は高いもので三メートル。通りの橋の欄干から五メートル奥まで刈り込んだことで、ようやく川の姿が見えるようになりました。この写真の状態では猫でさえもこの藪の中を歩けなかったでしょう。

サブ写真は、刈り込んだ時に表面から出てきたゴミです。写真ではそれほどの量に見えませんが、大量です。プラスしてこの後、地面の中に埋まっていたゴミが、雨で地表が洗われるたびに何年も出てきました。

悲しいかな、これが日本の多くの荒れた里山の現状です。しかし、この状態を本来の里山の状態にすると、多くの山野草が待ちかねていたかのように姿を表してきます。

調査フィールド③　整備後

早春、川沿いの森は、ウグイスと山野草の共演地。

人間も含め、陸上で生きる生き物にとって、川は掛け替えのない自然のメカニズムの一つです。水が流れるだけではなく、川に沿って何かの流れも同時にできているように思えて仕方ありません。きっと植物はそれが何かを知っているのでしょう。川沿いを植生観察フィールドに選んだ理由は、実はそこにもあります。

このフィールドにも、他では見ることのできなかった野草がありました。オオバショウマやイカリソ

サラサラ流れる春の小川

ウです。確認できた個体数も数えるほどしたが、全て川に沿って転々と生育していました。

ニリンソウやアズマイチゲ、キクザキイチゲが多くみられたのもこの川沿いです。カタクリはもしかしたら群生状態を復活できるのではないか、というところまで来ています。

川には音があります。光の反射があります。空気の流れもあるでしょう。これらが全て環境条件の一つです。それを前提にこの川沿いの森の景観を作っていくことで、この場所ならではの山野草の好条件を作っていくことが出来ると考えています。

川が見えない。猫も歩けない。そんな状態では、天からいただいた恵みをただ無駄にしていることになる、と思うのですがいかがですか？

上の写真は、ウグイスの鳴き声につられて撮ったものです。まだ開花前ですが、ここに写っているのは、アズマイチゲ、キクザキイチゲ、ニリンソウ、カタクリ、エイザンスミレ、フデリンドウ、マルバダケブキなどなど。春の妖精たちが一斉に咲き始める場所です。

休耕田には柳の木が生えてくる。（左ページ写真上）

写真、中央よりやや下のラインに背の低い木が並んでいますが、これが休耕田に自然に生えてくる柳の木です。この周辺が今回の調査地の一つで、元来谷地田で泥の深いところでした。水を張らなくなってからも、湿地状態に変わりはなく、その条件を好む野草が数多くみられました。ミソハギ、ツリフネソウ、ガマ、コシロネ、クサレダマなど、ほぼ順当な植生ですが、一般に木陰を好むと言われているミズタマソウの群生が見られたのもこの場所です。ミソハギ、ツリフネソウと混在している様子は、本文でも述べたように、雨上がりなどに訪れると御伽の国の花園と表現したくなるほど。花壇として手入れしたわけではありませんが、暮らし空間の中に、こういう一角があることの意味を考えてみるのも、時には必要なことなのかもしれません。

少なくとも二百五十年以上前の畦道。（左ページ写真下）

かなり古い畦道です。この畦道の近くに、観音像を彫った小さな石碑がありますが、その年号をみると「安永」ですから、江戸時代中期。約二百五十年前です。田の区画整理事業などがあると、こう言った昔ながらの畦道は姿を消していきます。同時にそれは植生の変化ももたらしていることもあるでしょう。一概に良い悪いということのできる問題ではありませんが、農業のあり方を考える良いキッカケにはなると思います。

この畦道の両側も野草の好む環境で、オミナエシ、ハッカ、センダイタイゲキなど、この写真の近くで目にすることができました。

よく晴れた日に家族で散歩するのも良いでしょう。小さなお子さんの手をひいて散歩する風景を想像したら、畦道お散歩クラブでも作ってあげたいくらいです。現代人はとかく、ゆっくり流れる時間を体験しなければ、ダメです。沢山の速さを競う言葉の陰で、大切なものが犠牲になっていることを知るべきです。

休耕田

畦道

以上、四つのエリア設定ですが、この圏内に一体どれだけの種類の山野草があるのでしょう。正直、樹木のようには関心のなかった世界ですが、それでも見るとはなしに見ていた世界です。当初の予想では百五十種類。しかし、結果は予想を大きく外れて三百種類を悠に超えてしまいました。しかも、菌類やコケ類、シダ類はあえて今回は除外してあります。それに、丹念に調査したつもりでも、正直、見落としているものがまだまだあるように感じています。フィールド・ワークがこれで終わりという訳ではありませんので、時間をかけながらより完成度の高い調査をしていくつもりです。

それにしても驚きです。樹木を調査した時にも百種類を超えたと言って驚いていましたが、山野草の世界はそれをはるかに超えています。

地面から上の世界では、まず樹木が一番先に太陽の光を受け、その木漏れ日を山野草が受ける、もちろんオープンエアーで無条件に太陽の光を受けたい野草もあります。しかし、多くの野草が木漏れ日を好んでいるように思います。

植物は、里山を構成する重要な一員です。種類が多い少ない、バランスが取れている偏っている、など、それはそのまま環境条件を表現しています。そしてその環境が表現することは、否が応でも無意識のうちに人間に影響を及ぼし、感性レベルで同調現象を生じさせます。ある意味とてもシビアな問題です。私たちはこの点をもっと意識しなければならないのではないでしょうか。

どんなに経済的に豊かになろうが、やはり人間の生きる原点は自然の摂理の中にあります。その自然に対する感性が今日ほどいい加減になってしまった時代は過去にないのではないでしょうか。

豊かな自然がある日本、これは間違いないことでしょう。しかし、それを自覚できなければ、宝の持ち腐れです。そして、感謝できなければ、底力は生まれてきません。

自然をベースに虚飾を排した日本人の感性、これも遺伝子の中には間違いなくあることでしょう。しかし、この感性が眠ったままでは、日本人の本来の特質に基づいた価値観は形成されないでしょう。単なる損得勘定だけの索莫とした価値観が漂う社会ではあまりにも情けない。そして、つまらない。日本人のアイデンティティを取り戻すには、しっかりとした歴史認識と、私はそこに自然に対する感性と感謝を持った日本人を取り戻す必要がある、と提言をしたいのです。これは理屈を超えた世界ですが、一つ一つの物事の選択に大きく影響する一番奥深い要因が、そこにあるように思えるからです。

それでは、ひびきの里の山野草ワールドにご案内しましょう。

春の山野草

大犬の陰嚢〔オオイヌノフグリ〕・立犬の陰嚢〔タチイヌノフグリ〕

・オオバコ科
・クワガタソウ属

イヌノフグリ

フグリ、とは驚いた。

ユーラシア・アフリカ原産。春一番に咲き出し、そして晩秋まで咲いている花期の長い野草です。撮影記録を確認すると、一番最初の写真は三月二十六日、そして最後は九月二十九日ですから、丸々半年以上。

オオイヌノフグリとは、少々穏やかならぬ名前ですが、その由来は、花が終わった後の蒴果（さくか）の形が犬の陰嚢に似ているから。「オオ」がつくのは、西日本に生育するイヌノフグリよりも大きいから。

名前に似合わず、小さくて綺麗な花を咲かせます。タチイヌノフグリはさらに小さく、花が葉に埋もれるように咲く。

イヌノフグリ

花期：３～９月
撮影：３月 26 日
分布：日本全国
２年草。葉は対生。

種漬花〔タネツケバナ〕・立種漬花〔タチタネツケバナ〕

・タネツケバナ属

タネツケバナ

タネツケバナが咲く頃。

種籾(たねもみ)を水に浸け、苗代(なわしろ)の準備をする頃に花が咲くことからタネツケバナ。田んぼの土手などに群生し、同じ頃、オオイヌノフグリと一緒に地面を覆い尽くしている光景をよく見ます。

田に水が張られていく風景は、無事一年が巡ってきたこと、そしてまた新たに農事が始まることを意味します。これは何でもないことのようですが、とても大切なこと。

日本には十四種あると言われ、赤みを帯びることがあるタチタネツケバナ、稲刈りが終わった後に花を咲かせ、葉に切れ込みがあるアキノタネツケバナなど。

タネツケバナは、水の張られた田の周りで、誰に意識されるともなく花を咲かせています。

タチタネツケバナ

花期：3～6月
撮影：3月26日
分布：日本全土
草丈：～30cm
越年草。葉は奇数羽状複葉。

仏の座

〔ホトケノザ〕

・シソ科
・オドリコソウ属

やっと見つけたホトケノザ。

ややこしい話ですが、春の七草の一つで言うホトケノザは、このホトケノザではなく、別名ホトケノザと言われる、コオニタビラコのこと。

この本家本元のホトケノザを見つけるのに苦労しました。川向こうの隣の地区へ行けば、たくさん生えているのですが、なぜか今回の限定した調査区域の中では、なかなか出会えませんでした。

その分、同科同属のヒメオドリコソウに関しては、これでもかという具合の群生状態。植物の世界にも棲み分けというものがあるのでしょうか。それとも単なる偶然なのでしょうか。問いかけても、返事は期待できそうにありません。

花期：3～6月
撮影：3月16日
分布：本州、四国、九州、沖縄
草丈：～30cm
2年草。葉は対生。

薺〔ナズナ〕

アブラナ科・ナズナ属

ナズナ

薬草であり、春の七草でもある。

ナズナの語源は諸説あり、その一つに、「撫菜」（愛ずる菜という意味）がなまってナズナになったとするものがあります。中国でも、日本でも古くから食用として珍重されてきたと言いますから、語源との違和感はありません。

春の七草の一つとして周知の野草ですが、薬草としても様々な効果があります。全草が利用可能で、止血、消炎、鎮痛、子宮出血、高血圧症、眼球充血など。こうした効果のあるものを春の七草の一つとしている訳ですから、これも暮らしの知恵という事なのでしょう。

黄色い花を咲かせるイヌナズナ属のイヌナズナというものもありますが、こちらは種子が薬用として利用されているようです。

イヌナズナ

花期：3 ～ 6 月
撮影：3 月 26 日
分布：日本全土
草丈：～ 40cm
越年草

猩猩袴

〔ショウジョウバカマ〕

・ユリ科
・ショウジョウバカマ属

花を猩々の赤い顔に、葉を袴に見立てたところからの命名。

花言葉「希望」の意味は…。

花言葉は「希望」。この希望は、生きる上でのエネルギーでもあります。そしてこの希望の本当に強いものは、実は自分で作り出すもの。外から与えられた希望は、何かの拍子であっという間に消えてしまうこともあります。そして、自分で希望を作り出すことを学ばなかった人は、あっという間に絶望してしまいます。これではいけません。

希望は自ら作り出すもの。老いも若きも一生この訓練をして、自らの人生を生き切ろうではありませんか。ショウジョウバカマの花言葉を、そう解釈してみました。

花期：3～5月
撮影：3月27日
分布：北海道、本州、四国、九州
草丈：～30cm
多年草

春蘭〔シュンラン〕

ラン科・シュンラン属

踊る春の妖精。

森の中で腕を広げて笑っている、踊っている。早春の森は、一年中で一番明るく軽やかです。シュンランが春の喜びを表現しているかのようです。

しかし、シュンランは激減。その理由は、里山が荒れていることと乱獲だとか。ラン科の植物は人気がある一方、心が痛むことも多いものです。

里山散策が社会の楽しみの一つになれば、荒廃することもないでしょうに、激減することもないでしょうに。

花期：3～4月
撮影：4月1日
分布：北海道、本州、四国、九州
草丈：～25cm くらい
多年草

菫
〔スミレ〕

・スミレ科
・スミレ属

墨壺からスミレ。

スミレの語源が、大工道具の一つ、墨入れの墨壺から来ていると言うのですからビックリしました。確かにスミレの咲き始めの真横姿と墨壺の真横姿は、シルエットがそっくりです。

それでは女性の名前の「すみれ」は、どうしてスミレから頂くのでしょうか。小さくて色の綺麗な花。野草のたくましさ。そんなところだろうと思います。

あやかりは連想から始まり、そして人間の心の世界を広げます。この蓄積が文化の一つの姿でもあります。人間は、理想と創造を持ってこそ、成長することができます。

花期：3～6月
撮影：4月1日
分布：日本全土
草丈：～25cm くらい
多年草

仙台大戟

〔センダイタイゲキ〕

トウダイグサ科・トウダイグサ属

あらかじめお断りしておきます。

もともと個体数が多くない。環境省指定、準絶滅危惧種。関東以北の生育で、湿った土地を好む。中心の杯状花序の姿はまだ現れてはいませんが、腺体の形状が弓月形。タカトウダイやナツトウダイとは明らかに違う。山野草図鑑に写真が掲載されているものがない。

以上の状況の中、ネットの情報と『日本の野生植物』（平凡社）の解説文だけでセンダイタイゲキと判断していますので、もし誤りの際はご容赦いただければと存じます。ただし、こういう野草が生えていたことだけは事実です。

花期：６〜７月
撮影：４月１日
分布：本州、四国、九州
草丈：〜40cm くらい
多年草

姫踊子草

〔ヒメオドリコソウ〕

・シソ科
・オドリコソウ属

ヨーロッパの踊子。

早春の踊子は、ヨーロッパ原産の小さな踊子草、姫踊子草。オドリコソウに似ていて小さなことから名づけられました。

道端や休耕畑地など、空き地を見つけてはどこにでも踊りに出かけ、観客はオオイヌノフグリ、タンポポ、そして通りすがりの人間など。

編笠なのか舞衣なのか、幾重にも輪形に付けた赤紫色の小さな葉は、まさにちりめん織の見立て。小さな花を咲かせ、春の野に声なき声を響かせます。今年も無事に春が巡ってきました。あー、それそれ……。

花期：4～5月
撮影：4月4日
分布：ヨーロッパ原産
草丈：～20cm
2年草。葉は対生。

東一華〔アズマイチゲ〕

・イチリンソウ属

色の始まりは、純白ですか？

早春、落葉広葉樹の森は、木々たちの葉が芽吹く前の時期であり、一年のうちでもっとも明るく、軽やかな森になります。

そんな時、いち早く花を咲かせる野草の一つ、アズマイチゲ。何ヶ月にもわたり、次々と花を咲かせ続ける野草もあれば、ほんの一時姿を表して、このアズマイチゲのように、次の年のまた同じ時期まで隠れてしまうものもあります。こうした春の一瞬に姿を表す野草たちを、スプリング・エフェメラル（春の妖精）と呼んでいます。

年をまたいだ冬をやり過ごし、いち早く咲いた花の色の、なんと汚れのない純白なのでしょう。この色彩感が、全ての色をとらえる始まりです。

花期：３～５月
撮影：４月６日
分布：北海道、本州、四国、九州
草丈：～ 30cm
多年草

瑠璃ムスカリ（ルリムスカリ）

・ユリ科
・ムスカリ属

瑠璃色の出題者。

花壇でも、道端でも、あちらこちらでよく見かける野草ですが、原産地はヨーロッパ。

瑠璃とはまさにこの色のこと。ムスカリとはギリシャ語で麝香の意味。しかし、花や茎、葉には特段香りはないようですから、何を持って麝香に喩えたかはよくわかりません。

それにしてもこの花姿。長い花柄の先端に壺亀を鈴なりにつけた様子はユニークそのものです。そして花言葉もユニーク。明るい未来、失望、普通に考えれば正反対です。

そこで課題が生まれます。正、反、合、とは、物事が発展的に進んでいく様子。これを可能にしているのが、柔軟な視点の移動。物事には必ず無限の見方があるという真理ですから、是非とも、自分なりの正反合の解釈に挑戦してみてはいかがでしょうか。

花期：３～５月
撮影：４月６日
分布：ヨーロッパ原産
草丈：～30cm
多年草

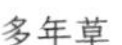

四月

麓菫
〔フモトスミレ〕

・スミレ属

山の麓のフモトスミレ。

日本の固有種。山の麓などに生育することが多いのでフモトスミレと命名されました。

とても小さなスミレですが、葉脈に沿って白い班のある葉が印象的で、小さい割には目立ちます。

生育の北限は緯度で言うと岩手県の奥州市ラインぐらいまでだそうですが、複数の都道府県で何らかのレッドデータに指定されています。やはりこのくらいの小さな植物になると、里山が荒れていることがダイレクトに影響してくるのでしょう。

今は、当たり前のように雑木林の林床で見かけますが、ここも少し前までは笹の密林暗闇地帯でした。果たしてその頃も足元に生育していたのでしょうか…。

花期：4～6月
撮影：4月7日
分布：北海道、本州、四国、九州
草丈：～10cm
多年草

水仙

〔スイセン〕

・ヒガンバナ科
・スイセン属

水仙の世界は
時空を超えて豊かです。

花期が十二月から四月との表示を見て不思議に思ったのですが、別名が雪中花と知って、何となく収まりがついてしまいました。

身近な存在としては、やはり春の到来を伝えてくれる野草です。改めて調べてみなければ、帰化植物であることも、ギリシャ神話のストーリーを纏っていることも、天然香水の原料となっていることも知りませんでした。

水仙の世界は時空を超えて豊かです。

花期：12～4月
撮影：4月8日
分布：地中海沿岸原産
多年草

丸葉菫〔マルバスミレ〕

・スミレ科
・スミレ属

生育場所と丸い葉が決め手。

スミレの特定は難しい。種類が多い上に似ているものも多い。それでもこれはマルバスミレだと思います。名前の通り、葉が丸いからです。

この花が咲き終わり、夏になると、背丈や葉が同じものかと思うほど大きくなります。この写真のもので丈十（センチ）にもならない程度ですが、これが三倍近くなります。葉も同じで、二倍、三倍の大きさになります。これはスミレ科スミレ属に共通した性質なのでしょうか。特定できずにいた、いくつかの葉が思い浮かびます。

花期：4～5月
撮影：4月8日
分布：本州、四国、九州
草丈：～30cm
多年草

片栗〔カタクリ〕

・ユリ科
・カタクリ属

春の妖精と呼ばれています。

独特の色具合と模様の葉。確か、幼少の頃は石鹸葉と呼んでいた記憶があります。水に浸して葉を揉むとかなり泡が立ちました。四十五年前はあちらこちらで見かけた記憶がありますが、今は随分と姿を消してしまったようです。

この度の調査対象区域では、一箇所がしっかりとした群生状態を復活し、もう一箇所がその途上というところまで来ています。カタクリは地中深くに根を張り、花を咲かせるまでには七～八年かかるそうです。

三月の初旬には地上に姿をあらわし、四月の中頃には満開です。そしてすぐに姿を消し、また一年後のこの時期に姿を表します。スプリング・エフェメラルの筆頭です。

花期：3～5月
撮影：4月9日
分布：北海道、本州、四国、九州
多年草

菊咲一華

〔キクザキイチゲ〕

・イチリンソウ属

ここにも春の妖精。

菊の花に似ているところからの命名。

ニリンソウやアズマイチゲと時期を同じくして、やはり白い花を咲かせます。切れ込みの深い葉が特徴で、花が咲く前であれば、エイザンスミレとも良く似ています。

純白の花を咲かせ、春を告げると姿を隠してしまう春の妖精（スプリング・エフェメラル）の一つです。

山梨県をはじめ複数の都道府県でレッド・データのリストに上がっていると言います。レッド・データの意味は、絶滅の危険性があると言うこと。そしてもう一つ、それほど人間は荒れた状態を放置してきたのだ、と我が身を振り返る意味です。

花期：3～5月
撮影：4月9日
分布：北海道、本州
草丈：～20cm
多年草

茜菫

〔アカネスミレ〕

・スミレ科
・スミレ属

ネスミレ

ゆっくりと、時間をかけて親しむ。

スミレは見分けるのが大変な野草の一つ。属としては世界に四〇〇種以上、日本には五〇種あると言われています。よほど見慣れていて知識が落ち着いていなければ、即座に見分けることは難しいかもしれません。しかし、見慣れていると見分けることができる。不思議だと思いませんか？ 大変よく似た双子を親は見間違えることがありません。人間は、言葉で説明できること以上に理解することができます。これを暗黙知と言い、知の構造、認識の深淵に迫ろうとする哲学者もいます。

そこまでいかなくてもスミレは見分けることができると思いますが、見ていて楽しいのになかなか区別ができない、まだ未熟者でございます。

アカネスミレ
花期：４月
撮影：４月 15 日
分布：日本全土
草丈：～ 10cm
多年草

芥子菜〔カラシナ〕

・アブラナ属

人と自然は、つながってこそ…。

盛んに栽培もされ、野生群落も見せるカラシナが、日本においてこれほど長い歴史を有しているとは思いもしませんでした。

中央アジアが原産で、日本に渡来したのは弥生時代とのこと。平安時代の「本草和名（ほんぞうわみょう）」「和名抄」には既にカラシナに関する記載があるそうです。

野菜として、葉や茎は油炒めやお浸し、漬物に利用され、調味料としては、種子が和がらしの原料になっています。

小川の土手に小群落を作り始めたカラシナ。来年はどんな姿を見せてくれるのか、同一場所の変化を辿れるのも、暮らし空間の中だからこそ。人と自然は、繋がってこそ、豊かさを増幅することができます。

花期：３～５月
撮影：４月 15 日
分布：中央アジア原産
草丈：～ 80cm
１年草

叡山菫

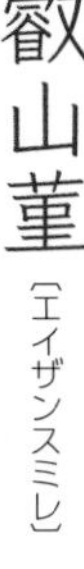

・スミレ科
・スミレ属

エイザンスミレを二度見つける。

比叡山周辺に多かったことからの命名といわれています。

深く切れ込みの入った葉が特徴的で、ちょっと見にはキクザキイチゲと間違えてしまいましたが、花が咲けばスミレの花。

川沿い樹林下の少しジメジメとしたところに生えておりましたが、花が終わった後に一度見失いました。

数ヶ月が経ち、同じ場所で種類が特定できずに、以後何ヶ月にもわたって追いかけることとなった野草が現れました。何とそれがずっと後になってエイザンスミレと判明。驚くほど大きくなっていたのです。

花期：３～５月
撮影：４月 16 日
分布：本州、四国、九州
草丈：～ 30cm
多年草

草木瓜〔クサボケ〕

・ボケ属

リバイバル組です。

小さい頃からシドミと言って親しんできたものです。秋になると地面すれすれのところに黄色くて硬い実をならせ、その実を焼酎に漬け込んで、大人たちが果実酒を作っていたことを覚えています。当時はまだ子供でしたから、もちろん口に入れることもなかったのですが、今こうして自分でクサボケの果実酒を作って飲んでみると、なるほど、これは香りが良い、そしてこの酸味と野性味が体をシャキッとさせてくれるように感じます（実際、滋養効果あり）。

このクサボケも、最近ようやく復活してきた「野草」の一つです。

花期：4～5月
撮影：4月18日
分布：本州、四国、九州。日本固有種。
草丈：～100cm
樹木

四月

立坪菫

（タチツボスミレ）

・スミレ科
・スミレ属

春を告げた後に大きくなる野草。

自分の中では、春告草（はるつげぐさ）の一つです。あまりにも身近過ぎ、目にも入らないと言う向きもありましょうが、タチツボスミレほど、野草のたくましさと小さく目立たない淡い存在とが同居している野草もないでしょう。

淡い紫の花を咲かせても、背丈十㌢にも満たない存在は、群生していてもよほど意識を集中しない見えません。

しかし、花が終わると背丈も葉の大きさも、倍以上になります。野草としての存在感が出てきます。

花期：4～5月
撮影：4月18日
分布：日本全土
草丈：～30cm くらい
多年草

筆竜胆

〔フデリンドウ〕

・リンドウ属

自然の有り様から、考える。

周りにあるのがコナラの落ち葉。これでおおよその大きさの見当がつくと思います。背丈は五～十センチの範囲。小さな野草です。

いつから姿を見せるようになったのか、はっきりとは覚えていませんが、笹が密生し、落ち葉が分厚く堆積している時にはありませんでした。荒れた雑木林が整備されることで、風が通い、林床に光が届くようになってから姿を現したことは間違いないでしょう。

まだ春の日差しが柔らかい頃、お日様が出ている時だけ花を開かせます。小さな野草ほど環境条件の代弁者になっている、とは言えないでしょうか。

花期：3～5月
撮影：4月18日
分布：北海道、本州、四国、九州
草丈：～8cm
2年草。葉は密に対生。

浦島草〔ウラシマソウ〕

・サトイモ科
・テンナンショウ属

見事に美しい曲線です。

この独特な形、いまだに素手で触るには抵抗があります。幼少の頃、「蛇の枕」と呼んでいたものの一つです。

蛇が舌を出してチョロチョロするところを見たことのある人なら、どうみてもこの姿は、名前の由来である浦島太郎の釣り糸よりも、蛇のチョロチョロに見えてしまうことでしょう。その感覚が染み付いてしまっているので、いまだにあまり近寄りたくない野草です。お好きな方もいらっしゃるでしょうに、ごめんなさいとしか言いようがありません。

しかし、この釣り糸の曲線は、理性的に見れば、見事に美しい曲線です。

花期：3～5月
撮影：4月20日
分布：北海道、本州、四国、九州
草丈：～50cm
多年草

坪菫〔ツボスミレ〕

・スミレ属

関心が向くほどに、深さを実感。

この辺りでは、タチツボスミレの盛りが一段落してから目立ってくるのが、このツボスミレ。上下から少し押しつぶしたような白い花で、紫のストライプが入っています。

別名はニョイスミレ。漢字で書くと如意菫だそうですから、個人的には別名で呼びたいところ。

注意して見て歩くと、基本形は同じでも葉の形などに様々バリエーションがあるようです。調べてみるとツボスミレにはいくつも変種があり、アギスミレだと思われるようなものもありました。

自然界はなにゆえかくも多様なのか、関心が向けば向くほど、識別が容易になると同時に、自然の奥深さが、ますますはかり知れないと感じていきます。

花期：4～6月
撮影：4月21日
分布：北海道、本州、四国、九州
草丈：～20cm
多年草

関東蒲公英

〔カントウタンポポ〕

・キク科
・タンポポ属

全草薬草のタンポポについてご提案。

タンポポの名前の由来は、タンポ穂からきているのではないかと言われています。拓本をとる時に使うタンポの形に似た花穂ということです。

春の到来を告げる代表的な野草ですが、タンポポ戦争なるものをご存知でしょうか。ニホンタンポポとセイヨウタンポポの勢力争いのことです。

ニホンタンポポは押され通し。全草が薬草となるタンポポ。皆んなでセイヨウタンポポを食べてしまおうではありませんか、というご提案です。

花期：３～５月
撮影：４月22日
分布：本州
多年草

鏨草〔タガネソウ〕

・スゲ属

思いつきの不思議。

葉を鍛冶屋が使う鏨に見立てた事による命名。スゲ属にしては珍しい葉の形で、平べったく面積があります。

このように仲間のパターンをはみ出したものを最初に調べるときには迷うもので、しばらく名前を特定できずにいました。それが、ひょんなことから、もしかしてスゲ属かな、と言う発想が浮かんできたことで、ようやく判明しました。

不思議なもので、こう言う時の発想が、なぜ、どこから出てくるのか、自分でもよくわからないことが、このケースに限らず時々あるものです。たいがい夢の中とか、ボーッとしているときに浮かんできますので、根を詰めて考えた後は寝る、これに限ります。

花期：4～5月
撮影：4月23日
分布：北海道、本州、四国、九州
草丈：～40cm

金瘡小草〔キランソウ〕

・シソ科
・キランソウ属

別名の深意を、ふと思いついた。

所々でポツリポツリと見かけますが、この野草は、地面にへばりつくように葉を広げ、花を咲かせますので、まさに地面のフタのような印象です。別名がジゴクノカマノフタと言うことですから、「フタ」の印象は別名通りだったわけです。

しかしなぜ、「地獄の釜の」という形容をつけたのでしょうか？　こればかりは私の想像力の及ぶところではありません。

この時期の雑木林では、木々の若葉が、早いものだとようやく芽吹き始めた頃で、こんな気持ちの良いところで、地獄の釜には落ちたくありませんから、細心の注意を払ってジゴクノカマノフタを踏まないようにしています。もしかしたら、命名者はそれが目的だったのかもしれません。

花期：3～5月
撮影：4月25日
分布：本州、四国、九州
多年草

桜菫〔サクラスミレ〕・スミレ属

良い名前をいただきました。

赤紫色の少し大型の花。そしてスマートなハート型で葉柄の長い大きな葉。以上の特徴を感じてはいても、スミレの場合特定が難しいと思いました。そのような訳で、しばらくは「保留」ホルダーに入ったままだったのですが、まさに新しく入手した山野草図鑑を見ていたら、この写真とそっくり、そしてそこに上記の特徴そのものの解説がついており、これでやっと「サクラスミレ」ということで決着をつけることができました。

様々な野草たちが繁茂し混みいる前のこの時期が、スミレたちにとってはいちばんの晴れ舞台。こんな小さな限定エリア内でも、十種類近く数えています。

花期：4～6月
撮影：4月25日
分布：北海道、本州、四国、九州
草丈：～10cm
多年草

白糸菅

〔シロイトスゲ〕

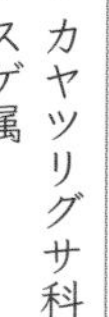

・カヤツリグサ科
・スゲ属

林床の楽譜。

おかしな言い方かもしれませんが、少しまとまった株がまばらに、満遍なく、ある一定の林床に生えていますので、かなり目立ちます。ただし、関心がある人にとってはの話で、関心がなければ、特段目立つ花を咲かせるわけでもありませんから、目立ちません。

実はこれが山野草世界の良いところで、こう言うところがフラワーガーデンとは全く違うところです。

色気のあるものもないものも、いっしょくたになってその場に存在していますので、作為と言う、ある意味人間のエゴが全く感じられない世界です。その中で、たまたま目立つ花が群生するから余計に価値があるのです。

四月二十五日、シロイトスゲの花が音符になり、林床に楽譜を描いていました。

花期：4 ～ 6 月
撮影：4 月 25 日
分布：北海道、本州、四国、九州
草丈：～ 10cm
多年草

馬の脚形

［ウマノアシガタ］

・キンポウゲ属

言霊は、ごく自然なこと。

根生葉を馬の脚形に見立てたところからの命名。さて、どこまで似ているかについては深く問わないことにしましょう。

キンポウゲ科キンポウゲ属の黄色い花はこの他にあと二つ登場してきますが、全て動物の名前が冠されています。ウマの他はキツネとカエル（ヒキ）。

どこか無理やり動物で統一した感もなくはありませんが、分類すること自体が、実は大きな意味を持っているのです。言葉にして分類するとは、自然の体系を言葉の体系に移し替えるということです。そして言葉は、一定の要件を満たすと、エネルギーになります。こんな当たり前のことさえ、堂々と口に出せなくなってしまうということ自体、人間の意識が自然から離れてしまった証拠です。

花期：4～5月
撮影：4月26日
分布：北海道、本州、四国、九州
草丈：～70cm
多年草

紫雲英

〔ゲンゲ〕

・マメ科
・ゲンゲ属

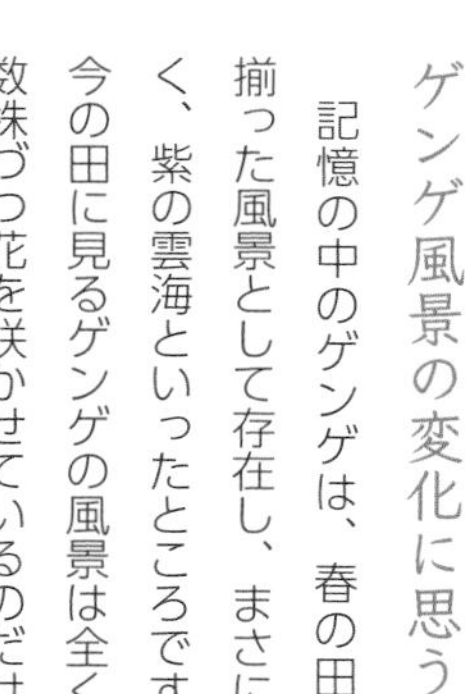

ゲンゲ風景の変化に思う。

記憶の中のゲンゲは、春の田いち面に咲き揃った風景として存在し、まさにこの名前の如く、紫の雲海といったところです。しかし、昨今の田に見るゲンゲの風景は全く別物。所々に数株づつ花を咲かせているのだけなので、この写真のようなところはごく稀でしょう。

この紫雲英風景の変化をもたらした原因は、化学肥料の多用と言われていますから、突き詰めれば時代の価値観ということでしょう。

効率を目指して分業の細分化を徹底するあまり、横のつながりが、自然界とであれ、人間同志とであれ、薄れてしまっているのが現代です。もの余りのひどい今の時代、単なる効率はもはや何の意味もありません。自然界という大きな枠組みの中に、人間の暮らしも再度戻る時期なのかもしれません。

花期：4～6月
撮影：4月26日
分布：中国原産
草丈：～25cm
葉は奇数羽状複葉。越年草。

仙洞草

〔センドウソウ〕

・センドウソウ属

命名者の真意を思う。

日本の固有種でかつ一つのみの属。早春の明るい雑木林の中で、少し湿り気のある条件のところに生えるセリ科の多年草です。米粒にも満たない小さな白い花を複散形花序に咲かせますが、この時期だから見つけられるようなもので、後ひと月開花の時期が遅ければ、訳知りの人しか見つけることはできないでしょう。しかし、この目立たない優しい控えめな姿が良いのです。

名前の由来は不明とのことですが、冷静に考えると恐れ多い名前。仙洞とは、もともと仙人の住まいの意、その流れの中で譲位された天皇のお住まいのこと。命名者はそれを承知で名付けたのでしょう。

花期：3 〜 5 月
撮影：4 月 29 日
分布：北海道、本州、四国、九州
草丈：25cm
多年草

二輪草

〔ニリンソウ〕

・キンポウゲ科
・イチリンソウ属

光と影と二輪草の共演。

林内にカタクリやニリンソウが咲きだすと、春が来たと実感させられます。木々たちが葉を付ける前の明るい森の中ですが、それでも無数の枝が白い花弁に影を落とします。この光景が良いのです。光と影とニリンソウの共演です。そしてこの共演が終わると姿を消してしまうことも清々しい。

ニリンソウは山菜としても、薬用としても利用されているのですが、若葉がトリカブトと似ているため、過去に誤食によって人命が失われると言う事故も起きています。十分にご注意ください。良くも悪くも野草は命に関わるほど深い力を持っています。

花期：４～５月
撮影：４月 29 日
分布：北海道、本州、四国、九州
草丈：～ 25cm
多年草

三葉土栗（ミツバツチグリ）

・キジムシロ属

食べるつもりはありません。

同じバラ科キジムシロ属のツチグリに似ていて、三つ葉だから三葉土栗。

土栗と名はついても、三葉土栗の根は硬くて食べられないそうです。こうしてわざわざお断りすると言うことは、ツチグリの根は食べられると言う事。生食も可能。焼くと栗のような味がするそうです。ここから土栗と言う名がつけられました。中国では救荒植物にもなっているそうです。

どうやら三葉土栗は形態上の類似だけで名前がついたようです。食べることは出来ませんが、黄色い花を咲かせる、春の野草です。

花期：４～５月
撮影：４月29日
分布：日本全土
草丈：～30cm
多年草

矢筈豌豆

〔ヤハズエンドウ〕

・マメ科
・ソラマメ属

自然の摂理に沿って、一歩前進。

小葉が矢筈の形に似ていることからの命名。葉のつき方は偶数羽状複葉で、先端は細い巻きひげのようなものが伸びて絡みつきます。絡みつく先は、自分自身であったり、近くにある何か他のものであったり。こうすることで、自分の立ち姿を安定させているのでしょう。

道端や畦道や畑の中など、どこでも目にすることができます。マメ科の植物は根粒菌と共生していますので、上手くお付き合いすれば、土壌に窒素を供給してくれることにもなりますから、身近なものを生かし切る農法、つまり昔ながらの農法をもう一度振り返ってみるのも、新時代の農法かもしれません。新しい技術を持って昔に戻るとは、それは単なる昔帰りではなく、一歩前進の姿なのだと思います。

花期：３～６月
撮影：４月 29 日
分布：本州、四国、九州、沖縄
つる性越年草。葉は偶数羽状複葉。

錨草（イカリソウ）

・イカリソウ属

様々な植物があるから……。

船の錨に似ているのでイカリソウ。

全体のシルエットから受ける印象は、とても華奢です。しかし地下茎はガッシリと横に張っていることにプラスして、強壮薬に用いられるほどの有効成分が含まれている薬草です。強壮剤、鎮静剤として、また、強弱の差はあるにしてもバイアグラと共通の作用があるとのこと。

春先、次から次へと姿を表す野草たち。それぞれに地球の中から様々な力を携えて地上に戻ってくるかのようです。植物の多様性を残すことは、地球の恩恵を受けることにもつながるのです。

花期：４～６月
撮影：５月１日
分布：北海道、本州、四国、九州
草丈：20～40cm
多年草

猫の目草

〔ネコノメソウ〕

・ユキノシタ科
・ネコノメソウ属

人間は、環境を作ることが出来る。

果実が細く割れた時の様子が、猫の目に似ているのでネコノメソウと命名されました。

川の端から端へと張られた藤蔦（ふじつた）に着床したことが、このネコノメソウの始まりです。自然の中ではよくあることですが、生える場所を自分では選択できないのが植物の宿命です。しかし、生育できる条件さえあれば、どこでも当たり前のように生きることができるのも植物です。

生育できる条件、この条件がどんどん狭まっていくのが、里山が荒れるということの意味。人間は、この条件を狭くすることも、広くすることもできます。広くすることの意味を、社会全体が真剣に考えなければならない時期に来ているのです。

花期：４～５月
撮影：５月１日
分布：北海道、本州
草丈：～20cm
多年草。葉は対生。

山瑠璃草（ヤマルリソウ）・ルリソウ属

名前が素敵で、綺麗な野草です。

山瑠璃草、名前も良いです。書き文字も良いです。この花が一番美しい瞬間は、花の咲き始めから咲き揃うまで。わりと長く花を咲かせていますが、その間、葉も成長し、全体の草丈も成長しますので、花のボリューム感が割合からすると少なくなります。

一般には、人気の野草らしいのですが、レッドデータの指定を受けている都道府県が複数あるようです。そんな情報を得ると、こうして群生地になる勢いが嘘のようです。自然界の生き物とは、つくづく人間の鏡なのだと、もっと正確に言えば、価値観の、心の、鏡なのだと思います。

花期：４〜５月
撮影：５月２日
分布：本州、四国、九州
草丈：〜 20cm
多年草

桜草

〔サクラソウ〕

・サクラソウ科
・サクラソウ属

里山自然は、社会が選ぶもの。

四月十八日、今年も無事にサクラソウが発芽しています。この群落は、毎年少しづつ大きくなっていて、観察をはじめて今年で七年になります。

八年前、この場所一帯は、特に荒れ方が酷かったところです。とてもでは無いが、まともに人が入っていけるような状態ではありませんでした（フィールド１参照）。

夢中になって整備をし、ここに空間ができた後の春、桜草が咲いていることに気づきました。ほんの二〜三株だったように記憶していますが、定かではありません。それ以来、とにかく、毎年増えています。

人が自然に関わることで、自然がこのような姿になりますが、荒れていても自然。さて、どちらの里山自然を社会は選ぶのでしょうか。

花期：４〜５月
撮影：５月４日
分布：北海道、本州、九州
草丈：〜 40cm
多年草

稚児百合

〔チゴユリ〕

・チゴユリ属

小さくて可愛らしい百合。

稚児百合ファンの方もいらっしゃると思います。名前はそのまま、小さくて可愛らしいユリと言う意味。

背丈が小さい上に、下向きに花を咲かせるので、目線を合わせるのが一苦労。少し大きめの、少し上向きの花を探して、何とか撮影の体勢になったと思うと、風が吹いて揺れがおさまらず。

木々たちが芽吹き始めたばかりの明るい春の雑木林で、稚児百合の群生が花を咲かせています。

花期：４～６月
撮影：５月４日
分布：本州、四国、九州
草丈：～35cm くらい
多年草

桜草　これは、桜草が群れをなして地球の中から現れたということです。

紫華鬘〔ムラサキケマン〕

・ケシ科
・キケマン属

対応できないことが、毒？

ケマンとは、仏堂の装飾品のことで、元々は生花で作った花輪であったと言います。その花に形が似ていることから華鬘。そして色が紫なので紫華鬘。

春の野にごく当たり前に生えている野草ですが、有毒です。プロトピンという成分を含み、誤食すると嘔吐や呼吸麻痺、心臓麻痺を引き起こすと言います。葉の形が山菜のシャクに似ていることから、ごくまれに誤食による事故があるそうです。

一方、ウスバシロチョウの幼虫はこの毒草を食草にしているそうですから、毒とは一体何をもって毒となるのでしょうか？

花期：４～６月
撮影：５月７日
分布：日本全土
草丈：～50cm
２年草

垣通し〔カキドオシ〕

・カキドオシ属

単純な発想ですが……。

カキドオシと書くと、それから先の連想が困難ですが、「垣通し」と表記すれば、俄然イメージが浮かびやすくなります。垣根を通過するような野草なのです。

また別名カントリソウ。これも「癇取り草」と表記すれば何となくわかります。子供の癇をとる薬にも使われるそうです。

早春、道端や空き地でいち早く花を咲かせるシソ科の野草。葉や茎に芳香があり、山野草香の原料に使ってみたいと思う野草の一つです。癇を取る効果があるのであれば、その香りにだって、気持ちを落ち着かせるような、何らかの要因があるはず。発想は単純です。しかし、類似性、関連性は、何らかの深い共通要因があるから、と発想することはとても自然です。

花期：4～5月
撮影：5月8日
分布：北海道、本州、四国、九州
草丈：～25cmくらい
多年草

八重葎〔ヤエムグラ〕・大葉の八重葎〔オオバノヤエムグラ〕

・アカネ科
・ヤエムグラ属

ムグラ

大昔の史前帰化植物。

六～八輪生の葉が幾重にも折り重なることを八重と表現し、そして複数の個体がお互いに近距離でぐちゃぐちゃと藪状態（葎）を作ることからヤエムグラ。

道端や土手、川の縁でごく普通に見かけますが、川の縁ではフラサバソウと一緒に、土手では単独で、そして道端ではアカネやオオバノヤエムグラと一緒に観察されましたので、どこにでも登場する印象です。

オオバノヤエムグラは、ヤエムグラに比してがっしりと太く、何枚も重ね着させたような印象で、葉の幅は広く、その分少ない数の輪生です。ヤエムグラ属はこのほかにも何種類もあるようですが、今のところ確認できたのはこの2種類だけ。野草捜索は当分終わりそうにありません。

ノヤエムグラ

花期：５～６月（八重葎）
　　　７～９月（大葉の八重葎）
撮影：５月８日
分布：日本全土
草丈：～100cm
多年草

関東蝮草（カントウマムシグサ）

・テンナンショウ属

いまださわれず。

蛇の枕のもう一つ。こちらのタイプは大きくなります。背丈が百二十センチぐらいのものはいくつも見かけました。

最近やたらと数が増え、苦手な者にとっては少々困りもの。情けないことに未だに素手で掴む事ができません。そんな自分を眺めると、人間とはいかにイメージに左右される存在であるか、実感として思い知らされます。

それはそうと、この野草は雌雄異株で、それを決定するのは栄養の貯蔵量とのこと。つまり球茎の大きさできまるのだそうです。大きい方が雌株。雌雄転換が状況次第とは。

花期：5～7月
撮影：5月9日
分布：本州、四国、九州
草丈：～120cm
多年草

苦苺〔ニガイチゴ〕

・バラ科
・キイチゴ属

春先、真っ先に活動を開始します。

道端や、藪を払った後に、春先一番に生えてくる「野草」です。赤茶色の直立した茎にはトゲがあり、これがなかなか痛い、手強いのです。

その場で優位性を確立する植物は、春先活動し始めるのが早い、これは少し形を変えて人間の世界にも言えそうです。

じつはこの植物、落葉低木に分類される樹木です。しかし、日常のお付き合いから言えば、植物専門の世界に身を置くわけではない者にとっては、どうしても「山野草」の一つに思えてしまいます。

鹿児島県、宮崎県などでは準絶滅危惧種になっているそうです。

花期：4～5月
撮影：5月10日
分布：本州、四国、九州
草丈：～200cm
落葉低木

・タカサゴソウ属

そう思う事が、また現実を創る。

日の光も眩しさを増し、畦道の野草たちもそこそこの大きさにまで成長しているこの時期、通り沿いの田んぼの土手では、ハルジオンとオオジシバリが目立っています。毎年見慣れているせいか、この時期のオオジシバリの黄色い花姿は、まさにこの季節のタイミングにピッタリです。

多くの言い伝えは誰が言い出したことかほとんどがわかりませんが、確実に語り継がれてきたことだけは事実。そこで一つ、ワンフレーズをご提案。しなやかな立ち姿に咲く黄色い花は、その土地に幸福をもたらすという。

花期：4～5月
撮影：5月11日
分布：日本全国
多年草

五月

草王

〔クサノオウ〕

・ケシ科
・クサノオウ属

薬草の王様、でも良い。

「ケシ科」という項目にただならぬ要因をイメージしてしまうのは、なぜ？　世の中には「麻薬事件」による負のイメージが多過ぎますが、ケシという植物ほど、人類の歴史と長い関わりがあって、その本来の性質がまともに理解されていないのも珍しいと言います。ある意味人類の平均寿命が伸びたのも、ケシのおかげとか。

さて、そのケシ科のクサノオウですが、名前の由来が「草の黄」（茎や葉から黄色い乳液が出る）、「瘡の王」（皮膚病に効く）「草の王」（薬草の王様）などからきていると言われています。ますます持って何かありそうな野草です。

春早く花を咲かせますが、夏を過ぎても咲いている、どこにでもある野草です。

花期：４～９月
撮影：５月11日
分布：北海道、本州、四国、九州
草丈：～80cm
越年草

蛇苺

ヘビイチゴ

・キジムシロ属

季節の色。

くねくねと地を這う蛇が、這いながら実を食べると言う意味合いでしょうか、ヘビイチゴと命名されています。

特に毒があるわけではなく、人間が食べても何の問題もないのですが、美味しいものではありません。

春の山野を黄色く彩る野草の一つ。花が終われば、赤い実を結び、季節の進行を実感させてくれます。春から夏へと変わる時期、この実を赤く映し出す光の色が、明らかに早春の光とは違っています。

花期：4～6月
撮影：5月11日
分布：日本全土
多年草

米茅〔コメガヤ〕

・イネ科
・コメガヤ属

見て見ぬふりもできなかろう。

小穂を米粒に見立てたことからコメガヤ。山林内のジメジメしたところに生えていたもので、同一場所にはゴウソやシライトスゲなどが数多く生育しており、コメガヤはほんの数えるほど。

地面から直接細長い葉が叢生しているタイプのものは、なかなか調べるのが難しく、白状してしまうと、名前が特定できずにギブアップしていたものです。そして見なかったことにしておこうとさえ思っていました。

ところが、点々と花穂が現れ、ほんのり赤紫色に色づいた姿を見た時、命の元になる美しさを見せられたようで、見て見ぬふりもできなくなってしまいました。

命の元だから、イネ科に狙いを定めることで、コメガヤにたどり着きました。

花期：5～9月
撮影：5月12日
分布：北海道、本州、四国、九州
草丈：～50cm
多年草

常磐爆（ときわはぜ）

・サキゴケ属

今、当たり前の風景が消えている。

果実が爆ぜるのでハゼ、常磐は永久不変の意味ですが、いつも花が咲いていて果実ができて爆けることを表現したもの。合わせて常磐爆。

確かにその通りで、早春、花が咲いたと思って慌てて撮影しても、六月になっても、八月になっても、十月になっても花が咲いています。しかし、咲き出す時期がずれれば、花の印象も随分と変わるもの。そう言う意味では、やはり、春先に、ヤマルリソウやジシバリ、タンポポなどと咲き乱れている風景が一番でしょう。

特段よそ行きの風景では無いのですが、この当たり前の風景が、今、日本の里山から消えてしまっています。計り知れない日本の価値の、損失です。

花期：4～11月
撮影：5月12日
分布：日本全土
草丈：～20cm
1年草

花韮〔ハナニラ〕

・ヒガンバナ科
・ハナニラ属

命の世界は、共鳴でつながる。

アルゼンチン原産の帰化植物。明治期に鑑賞用に導入されたものが、野生化しているとのことです。

夕方、花が咲いていることに気づき、日が暮れる前に写真に収めておこうと思い、早速家に帰りカメラを持参して戻ってきてみると、なんとその日の花じまいだったらしく、花は閉じていました。その間、十分たらず。

結局、その日は写真に収めることはできませんでしたが、植物のこのスピーディな動きにある種の新鮮さを覚えました。間違いなく、植物はロボットの如く自動で動いているのではないのです。この感覚が、また一つ自分の中で育ったことに、ある種の安心感をともなった喜びが生まれるのでした。

花期：4～5月
撮影：5月12日
分布：アルゼンチン原産
草丈：～20cm
多年草

菖

・アヤメ属

野の色の美しさ。

どこにでも咲いているアヤメですが、この澄んだ紫色のなんと綺麗なこと。

この道路沿いのアヤメを毎年気にかけながら少しずつ増やしてきたのですが、昨年は一度、今年は三度、ごっそりと株ごと盗掘に遭いました。盗掘と言って良いのかどうかわかりませんが、持っていかれた方がいるようです。

お気持ちはよくわかります。何とか山野草ファンの方が気兼ねなく、野草を手に入れられるようにできないものか、この出来事をキッカケに、一つアイディアが浮かびました。いずれ形を整えて、世の中にご提案したいと思っています。

花期：5～7月
撮影：5月15日
分布：北海道、本州、四国、九州
草丈：～60cm
多年草

鬼田平子

〔オニタビラコ〕

・キク科
・オニタビラコ属

赤と青の、鬼田平子。

子供向けの鬼のお話には、赤鬼、青鬼が登場しますが、オニタビラコにも、赤鬼、青鬼を登場させる場合があります。茎に毛があり、葉に赤みを帯びるものを赤鬼、無毛で葉に赤みを帯びずに光沢があるタイプを青鬼と呼んで区別します。

田平子とは、田にロゼット状（水平放射状）に広がる様を表し、鬼はタビラコよりも大きいと言う意味で冠します。

春の七草の一つ、ホトケノザ※とは、実はこのタビラコのこと。鬼田平子も同様に山菜となり、そして薬用として利用されています。解熱や解毒、アレルギーによる喘息に効果があり、続けて摂取することで、アレルギー体質が改善された事例もあるとか……。

※シソ科のホトケノザではないので大変まぎらわしい。

花期：5～10月
撮影：5月15日
分布：日本全土
草丈：20～60cm
1～2年草

狐薊〔キツネアザミ〕

・キツネアザミ属

おっと、騙されるところでした。

花がアザミに似ているが、よく見ると、騙された！　となるところからキツネアザミ。いつの頃からか、狐は「騙し」の代名詞、あるいは枕詞となってしまいました。何か奥深い理由があるのかもしれませんが、一方、狐は子供向けのお話の世界にもよく登場します。

この里山でも、ごくたまに生きた狐を見かけますが、時々人の目を盗んで、畑で悪さをしていくようです。

このキツネアザミは田んぼの土手に生えていたもの。五月中頃、他の背の低い野草の中にあって、一際高く屹立していました。ご多分にもれず、あっ、アザミだ！　と騙された一人です。騙されたと気づきましたので、キツネアザミを覚えることができました。

花期：5～6月
撮影：5月15日
分布：本州、四国、九州、沖縄
草丈：～100cm
2年草

髪剃菜〔コウゾリナ〕

・キク科
・コウゾリナ属

変わりにくいものがある、から……。

　この野草は、最初に音で覚えました。コウゾ・リナ、と言うつもりで覚え、後で、コウゾリ・ナ、であると分かりました。

　理屈では、簡単に上書き修正すれば済むことですが、一度覚えた感覚を矯正するのは、それほど簡単なことではありません。

　こんな時、教育の重大さを改めて思います。子供たちが最初にどんな知識に接するのか、どんな環境に身を置くのか、それぞれの人の当たり前がここで大きく違ってしまうのです。

　コウゾリとは髪剃（かみそり）のこと。ナとは菜のこと。ざらついた茎や葉で、手を切ってしまいそうなところからの命名。

花期：5～10月
撮影：5月15日
分布：北海道、本州、四国、九州
草丈：～100cm
2年草

地縛〔ジシバリ〕・タカサゴソウ属

このくらいで良し、としましょう。

尺取虫が地面を進むように広がる野草。茎を伸ばし尺を取ったところに根を生やし、そしてまた伸ばし尺を取って生やし、そうやって地面を縛るように占領していくから地縛。

春の地面を黄色く彩る野草ですが、これは草取りが大変。至るところに根を生やしていますので、取っても、取っても、本当に草取りをしたのかどうかさえも分からなくなる始末。しかし、それで良いのだと思います。百%除去する必要もないのですから。何となく気持ちの収まりがつき、地上に偏（かたよ）りが出過ぎない程度であれば、実のところ、それが一番なのだと思います。

花期：4〜6月
撮影：5月15日
分布：日本全土
草丈：〜15cm
多年草

胡瓜草〔キュウリグサ〕

・ムラサキ科
・キュウリグサ属

塩揉みにして、患部へ塗布。

名前の由来は、葉を揉むとキュウリの匂いがするから。

小さな花。直径二〜三㎜。同科のヤマルリソウの1/5です。どちらとも青色を基調にしたきれいな花ですが、ここまで小さくなると、ただ漫然と見ているだけは、なかなか目に留まりにくいものです。

しかし、その気があればごく当たり前に見つけることができます。道端や空き地などに普通に生えており、加えてまだ他の野草が繁茂してくる前の時期です。さらに、加えて、手足の痺れに効果のある薬草となれば、大きい小さいはあまり関係なくなります。

花期：3 〜 5 月
撮影：5 月 16 日
分布：日本全土
草丈：〜 30cm
2 年草

蘩蔞〔ハコベ〕・牛蘩蔞〔ウシハコベ〕

・ハコベ属

ウシハコベ

青汁でマッサージ。

ハコベは春の七草の一つ、そしてそれより大きいのがウシハコベ。

食用になるのは同様で、新芽の時にサラダや味噌汁の具として。また、薬用としても様々な効果があり、漢方では、高血圧、月経不順、痔疾、歯痛などに、日本の民間療法では歯茎の出血や歯槽膿漏の予防に効果があるとされています。

普通の環境であればどこにでも生えています。全草を取ってきて青汁を搾り、適量食塩を加えたものを指につけ、歯茎をマッサージするだけ。これで歯の健康に貢献できるなら、その恩恵は様々な部位に及ぶことでしょう。

ハコベ

花期：4 〜 10 月
撮影：5 月 16 日
分布：日本全土、史前帰化植物
越年草、多年草

蛙の傘

〔ヒキノカサ〕

・キンポウゲ科
・キンポウゲ属

姿を消さぬうちに。

正直に申し上げます。この野草は一度見たきりで、印象に薄いのです。たいがい、一株見つけるとどこか他にもあるはずなのですが、最初に見た場所以外で見ることはありませんでした。

後になって調べてみて分かったのですが、生育分布は関東地方以西で、五つの府県で絶滅が確認され、相当数の府県で何らかの絶滅危惧類に分類されている事がわかりました。

そうと分かっていれば、もう少し丁寧に観察したのに、と思っても、それは後の祭りというものでした。

花期：４〜５月
撮影：５月 16 日
分布：本州、四国、九州
草丈：〜 30cm
多年草

都忘（ミヤコワスレ）・シオン属

都恋しさを忘れるほど。

野草に入れて良いものかどうか少し迷いましたが、最初の出会いが道端であったことと、相当昔に園芸品種化されており、十分すぎるぐらい自然に馴染む時間が経っていると判断し、取り上げることとしました。

鎌倉時代、承久の乱に敗れた順徳天皇が佐渡に島流しになり、この花を見て都恋しさを忘れるぐらい慰められたという伝承があります。それに因んでミヤコワスレという名前がつけられたそうです。

名前のお洒落さと命名ストーリーに裏打ちされた美しい花です。ミヤマヨメナの改良品種ということですが、こちらはまだ出会ったことがありません。

花期：５～６月
撮影：５月16日
ミヤマヨメナの園芸品

五月

海老根〔エビネ〕

・ラン科
・エビネ属

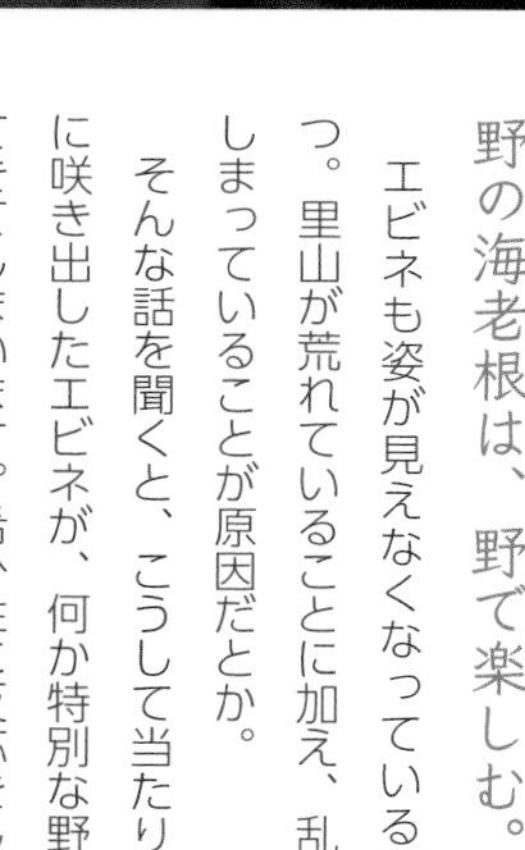

野の海老根は、野で楽しむ。

エビネも姿が見えなくなっている野草の一つ。里山が荒れていることに加え、乱獲されてしまっていることが原因だとか。

そんな話を聞くと、こうして当たり前のように咲き出したエビネが、何か特別な野草に思えてきてしまいます。希少性に反応をしてしまうのも人間です。それはそれである意味楽しみの部分でもありますので、結構なことです。しかし、それが度を越して「執着」になってしまうと厄介なこと。そこから様々な問題が生じるのが人間社会です。

人間はいつになったら精神的な大人社会を作れるのでしょうか。知性とは、自分を客体化できる度合いのことかも知れません。野のエビネは、野で楽しむ、という知性。

花期：4～5月
撮影：5月17日
分布：北海道、本州、四国、九州、沖縄
高さ：15～30cm
多年草

銀蘭（ギンラン）

・キンラン属

長年、銀蘭を見ていて。

　ギンランはもう既に十年以上は普通に目にしています。随分数も増えました。多年草ですが、一つの個体が何年生きるのかは分かりません。ただ、繰り返し芽を出している個体は少しづつ背丈が大きくなっていくようです。しかし、やがて姿を表さなくなり、その子孫が代わりに地上へ出てくるのでしょう。小さくて華奢な姿から、また始まります。

　十五年前、このギンランが生えている場所は笹海原でした。背丈が百五十㌢ぐらいの笹が密生していたところです。そんな状態のところに果たしてギンランは生えていたのかどうか、残念ながら、その当時は丹念な植生調査をしていませんでしたから、確信を持ってお伝えすることができません。もし私が銀蘭ならタイムカプセルの中にいることを選ぶでしょう。

花期：5月
撮影：5月17日
分布：北海道、本州、四国、九州
草丈：～40cmぐらい
多年草

銀竜草

・ツツジ科
・ギンリョウソウ属

人間は、不遜な従属栄養生物か？

一番最初にこの野草を見たときはびっくりしました。もしかしたら菌類か、いや、地球外植物か、など冗談半分で思ったものです。早速家に帰り、植物図鑑を手にしましたが、意外とあっさり判明してしまいました。ギンリョウソウ、別名ユウレイタケ。

あれから何年になるでしょうか、毎年姿を表しています。葉緑素を持たない白く透き通った植物体。自ら光合成する能力がなく、菌類と共生して栄養を得ている植物、いわゆる菌従属栄養植物です。

ちなみに人間は、植物に対する従属栄養生物です。植物がなければ命を継続できないにもかかわらず、現代人は、身の程を弁えない不遜な従属栄養生物になってしまっている、と言われても返す言葉もありません。

花期：5～8月
撮影：5月17日
分布：日本全土
草丈：～20cm
腐生植物

酸葉

・ギシギシ属

気付に一本、軽い酸味。

葉に酸味があるのでスイバ。若いうちであれば葉や茎は立派な食糧になります。ヨーロッパなどでは栽培品種があり、葉はサラダやスープに好んで使われるそうです。

全草が薬草。葉、茎、花、根はそれぞれに使い方があり、生根などは突き砕いて絞った汁を疥癬などの皮膚疾患に使用するそうです。ただし、利用部位、用途によっては副作用を生じることもあるので、使用前の下処理はしっかりとしたほうが良いようです。

農作業の合間に、茎の酸味を味わうぐらいであれば何の問題もないでしょう。

花期：5～8月
撮影：5月17日
分布：日本全土
草丈：～100cm
多年草

苦菜〔ニガナ〕

・キク科
・ニガナ属

全草可食、全草薬草。

茎や葉に含まれる白い乳液が苦味いことから苦菜。

道端や日当たりの良い空き地にごく普通に生えている野草です。全草が可食であり、薬草です。

若葉は茹でて食し、根は油炒めなどにして食します。薬草としての利用は、消化不良、食欲増進、副鼻腔炎などの症状がある時に有効とのこと。

どこにでも生えている野草の価値をもう一度見直してみたい。タンポポ同様、キク科の有用植物です。

花期：５～７月
撮影：５月１７日
分布：日本全土
草丈：～50㎝
多年草

春紫苑（ハルジオン）

・ムカシヨモギ属

大正時代に北米から渡来しました。

大正時代に、園芸品種として渡来したもの。当時は、薄い紅紫色のものがほとんどだったということですから、一面に咲き揃った時には、紫の苑に見えたのでしょう。そんなところから春に咲く、春紫苑と命名されたのかもしれません。命名者は牧野富太郎。

ハルジオンより少し遅れて咲く、類似の花にヒメジョオンがありますが、両者の違いは、花びらの太さと茎の中身が空洞か詰まっているか。ハルジオンは空洞で、糸のように細い花びらを持っています。

花期：5～7月
撮影：5月17日
分布：北アメリカ原産
草丈：～100cm
多年草

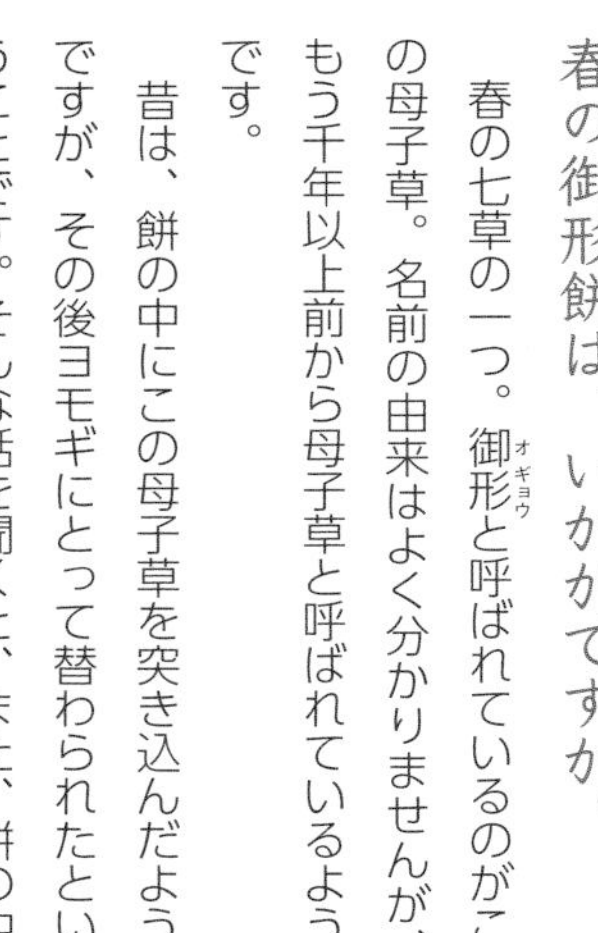

母子草

〔ハハコグサ〕

・キク科
・ハハコグサ属

春の御形餅は、いかがですか。

春の七草の一つ。御形（オギョウ）と呼ばれているのがこの母子草。名前の由来はよく分かりませんが、もう千年以上前から母子草と呼ばれているようです。

昔は、餅の中にこの母子草を突き込んだようですが、その後ヨモギにとって替わられたということです。そんな話を聞くと、また、餅の中に入れて突いてみたくなります。春の御形餅の復活です。

花期：4〜6月
撮影：5月18日
分布：日本全土
草丈：〜40cm
1〜2年草

蕗

・フキ属

処方の極意は、毒を抑える事？

毒にも薬にもなる野草。軽い苦味の効いたフキノトウの天ぷらは是非とも口に入れておきたい季節到来食。ジッとしていた冬の間の毒消しとも言われ、食べすぎると本当に毒になるとも言われます。

実際、肝毒性の成分が含まれていることも事実で、部位によっては必ずアク抜きをしたほうが良いところもあります。

また、咳止めや去痰などの民間薬としても利用されており、毒と薬は用い方次第で行ったり来たりする範囲のものもあります。何事にもバランスを取るノウハウが、薬草薬事の世界のようです。

花期：３～５月
撮影：５月 18 日
分布：北海道、本州、四国、九州
多年草

酢漿草〔カタバミ〕・赤酢漿〔アカカタバミ〕

・カタバミ科
・カタバミ属

バミ

葉を閉じて、お休みなさい。

畑や庭など、開けていて太陽が燦々と当たるところを好み、その条件であれば大概のところで見かける、ごく低層空間に生育する野草です。

匍匐性（ほふくせい）で節々から根を生やしますから、ジシバリと似たようなものです。変異が激しく、葉や花弁に赤の要素が入ったものをアカカタバミ、茎が立っているものをタチカタバミと呼んで区別しています。

特性としては、水溶性のシュウ酸やクエン酸を含むので酸味があるそうです。葉をとってすりつぶして、それで硬貨を磨けばピカピカ。

繁殖が早く、草取りが大変なものの一つです。草取りをしないという手もありますが、やはり人間の生活空間ですから加減というものがあるでしょう。

カタバミ

カタバミ・アカカタバミ
花期：５～８月
撮影：５月20日
分布：日本全土
多年草。匍匐生。

風車

・センニンソウ属

まさにこの色と質感です。

樹林下、川沿いで発見。以前、別の場所で見て以来、目にする機会がありませんでしたが、ここまで大輪の花を咲かせる野草はほんの数えるほど。

園芸品種の元になるほど人気です。しかし、数々の都道府県で絶滅危惧の種類に指定されています。

この白色、質感、どうやって写真に収めればいいのだろう。しばし眺めていましたが、風が吹くたびに光と影が動きます。影の出来方によっては、かなり立体的な表情を見せてくれます。この動きの偶然性に任せるしかない、と言うことで何度もシャッターを切り、その中の偶然の一枚が何とかうまい具合に色と質感を捉えることができました。まさにこの感じです。

花期：5 ～ 6 月
撮影：5 月 24 日
分布：本州、四国、九州
多年草。蔓性。

笹葉銀蘭

〔ササバギンラン〕

・ラン科
・キンラン属

次世代はどこだ……。

背丈が高くて、花の数が多くて大きくて、こんなギンランがあるのかと思い驚きましたが、これはササバギンラン。

写真の個体で、丈は約五十チセン。普通のギンランの五割増から二倍の大きさです。近辺を探しましたが、目にすることができたのはこの一株だけ。孤高の存在です。花の数から言えば、相当年季が入った個体なのでしょうが、次世代が近くにないのは不思議議です。発見した時の時期的なズレがあったのかもしれません。来年はもう少し余裕を持って調査をしてみよう。

課題ができたおかげで、このエリアとの繋がりがまた一つ深くなりました。

5～6月
5月25日
北海道、本州、四国、九州
～50cm

宝鐸草（ホウチャクソウ）

・チゴユリ属

独特の臭気が目安。

寺院建築物の軒に吊り下げられた宝鐸に似ていることからの命名。

開花は、チゴユリよりも少し遅れて、丈はチゴユリよりもひとまわり大きな野草です。

科目は違いますが、アマドコロやナルコユリにもよく似ています。花の咲く時期もほぼ同じ。ただし、注意を要する事が一つ。このホウチャクソウの若芽には有毒成分が含まれていますので、山菜として親しまれているアマドコロやナルコユリと間違えないようにしないといけません。十分に成長した後であれば、間違えることもないのでしょうが、若芽のうちはくれぐれもご用心を。臭気に注目。

花期：４～５月
撮影：５月 25 日
分布：日本全土
草丈：～ 60cm
多年草

鬼野罌粟〔オニノゲシ〕

・キク科
・ノゲシ属

鬼でも冬はお休みです。

トゲがあって、荒々しくて、硬そうで、見るからに穏やかでない雰囲気。オニと冠されたノゲシが、点、点と姿を表します。群生状態を見たことはなく、場所も時間も、本当に点、点と。

春、姿を現したと思って見ていると、秋にも同じように、姿を現したと思って見ている時があります。と言うことは、春、夏、秋と、冬以外は地上に現れて、花を咲かせて、散らすことを繰り返しているのです。さすがに鬼でも冬の間は骨休めをするのでしょう。特に悪さをするとは聞いたことはありませんが、ヨーロッパ原産の帰化植物です。

花期：4～10月
撮影：5月26日
分布：ヨーロッパ原産
草丈：～100cm
2年草

金蘭（キンラン）

・キンラン属

先に現れたものが先に消えていく？

キンラン、ギンランを見るたびに、昔、よくテレビに出ていた金さん、銀さんを思い出します。金さんがお姉さん、銀さんが妹さんでした。

このラン科の野草もキンラン属ということで、キンラン、ギンラン、ササバギンランがあります。属の名称がキンランということは、発生系統的に先に来るということを意味するのでしょうか？ そして姿を消していくときも、その順番通りということなのでしょうか？

里山が荒れることと関係があるのだと思うのですが、ギンランに比べ、キンランの数は極端に少ないのです。それでも最近は少しずつ目にする機会が増えてきました。完全に姿を消してしまう前に、もう一度、生育できる環境を復活させていかなければ。

花期：４～６月
撮影：５月26日
分布：本州、四国、九州
草丈：～80cmぐらい
多年草

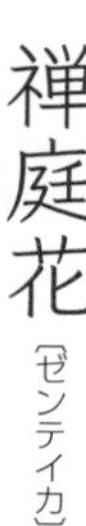

禅庭花
〔ゼンテイカ〕

・ススキノ科
・ワスレグサ属

穏やかで、深い境地へ。

ニッコウキスゲで覚えておりましたが、改めて調べてみると、それは別名扱いとなっていました。和名の本流は禅庭花。間髪を入れずに本流に軍配です。素晴らしい名前ではありませんか。命名の言われが分からないと言うことですが、現にこの名前があれば十分です。穏やかさと、姿形の向こうに深さを想像させられる名前です。

群生地で、人が賑わう時にはニッコウキスゲ、一輪、二輪、ひっそりと咲いている時には禅庭花。時と場合で呼び分けてみるのも一つの方法です。

花期：5～8月
撮影：5月26日
分布：北海道、本州
草丈：～70cm
多年草

栃葉人参

・トチバニンジン属

小粒ですが、この赤は目立ちます。

葉がトチノキに似ている。根茎が朝鮮人参に似ている。ゆえにトチバニンジンと命名されました。

ニンジンと名前がつくものは大概薬効があるようで、この野草も薬草の一つ。

木漏れ日が差す樹林下で、毎年少しづつ肥大した根は、健胃、去痰、解熱作用においては本家本元の薬用人参よりも勝るとも言われています。しかし、あくまでも限定分野での話ですので、誤解のなきよう。

五月の半ばごろに花が咲き、七月の半ば過ぎには結実して赤い実をならせます。この鮮烈な赤い色をしているところがトチバニンジンのありかです。

花期：5～8月
撮影：5月26日
分布：北海道、本州、四国、九州
草丈：～80cm
多年草

二人静
〔フタリシズカ〕

・センリョウ科
・チャラン属

静御前、偲び草。

お洒落な名前だと思います。この名前は、二本の花序を、能楽「二人静」の静御前とその亡霊の舞姿に例えたもの、そして、ヒトリシズカに対して、花序が二本のものが多いことからフタリシズカとなったようです。実際には、一つから五つぐらいまでの花序をつけます。

少し大きめの葉は、明るい綺麗な緑色で、白い花の背景となって、とても清々しい雰囲気です。どこまでもお洒落の路線を外しません。

林内のうっすらと木漏れ日が満ちる空間に生育します。静御前の住まいもこんなところだったのでしょうか。儚い歴史の物語を思います。

花期：4～6月
撮影：5月27日
分布：北海道、本州、四国、九州
草丈：～60cm
多年草

丸葉岳蕗 まるばだけぶき

・メタカラコウ属

勝手に蕾の意味。

多年草ですから、生育環境が整っていれば、いつもの場所にいつものように生えてきます。ただ年を追うごとに数が増えています。

今年も三月の半ばごろに発芽し、五月の後半には花が咲き出しました。大型の野草ですから余計感じるのかもしれませんが、蕾が膨らみ今にもはちきれそうな瞬間が一番自然のエネルギーを感じます。

フィボナッチ数列というのがありますが、一・一・二・三・五・八……、これに例えれば、蕾の期間というのは一の繰り返し状態、そしてこの期間が長いほど安定して数列が右肩上がりという例えです。人間社会では、一の期間を志の充実度、と見ます。

花期：5～8月
撮影：5月27日
分布：本州、四国
草丈：～120cm
多年草

どくだみ〔ドクダミ〕

・ドクダミ科
・ドクダミ属

十薬、との別名がすごい。

毒や痛みに効くことから「毒痛み」と呼ばれていた。それが転じてドクダミになったと言われています。また、別名は十薬と言って、こちらは十種類の薬効があるからという意味。

独特の臭気を持ったこの野草の薬効を書き出せばキリがないほど。高血圧の予防、利尿作用、白癬菌やブドウ球菌にも有効なほど抗菌力や制菌力があり、解熱、解毒、消炎薬としても有効と言われています。

身近な薬草が存在感をなくしてしまっている時代。有難いことなのか、憂慮すべきことなのか、一言には結論が出そうにありません。

花期：5～9月
撮影：5月28日
分布：本州、四国、九州、沖縄
草丈：～50cm
多年草。葉は互生。

黄菖

・アヤメ属

自然にはお手本が沢山あります。

アヤメより少し遅れて咲き出すキショウブ。田んぼの土手を黄色く彩り、春の光を透かした花びらは、大きいだけあって遠くからでもよく目立ちます。

アヤメの紫から黄色へ、という色の変化も楽しみの一つ。さらにもう少し遅れると、今度は黄色からノハラショウブの紫へとまた彩りの変換が起こります。ただし、アヤメとノハラショウブとは、同じ紫色ですが、今度はデザインに変化が現れてきます。

アヤメ科アヤメ属の春を彩る三連打。基本を踏襲しながら、少しづつ変化を持たせた繰り返し、この自然のパターンは人間の世界でもよく見られる表現方法です。

花期：5～6月
撮影：5月30日
分布：ヨーロッパ原産
草丈：～100cm

采配

〔サイハイラン〕

・ラン科
・サイハイラン属

戦場の指揮官。

戦場の指揮官が采配する様子に喩えてサイハイラン。この写真はまさに指揮官。ちょうど絡みついた山芋の葉が帽子のようにどんぴしゃりの位置でついています。

この野草も数が少なくなっているものの一つ。その理由は、里山の荒廃と手当たり次第の盗掘。

この写真に写っているサイハイランの場所もそうでしたが、荒れている時は、全てが絶望的と言う環境でした。しかし、人が手を入れ、条件が整ってくるとまだまだ自然の植物は復活できます。この本はその証拠写真集とも言えます(フィールド2)。

花期：5～6月
撮影：5月30日
分布：北海道、本州、四国、九州
草丈：～50cm
多年草

白詰草

・シャジクソウ属

四つの葉は幸福をもたらすと言う。

シロツメグサよりもむしろクローバーという呼び方の方が有名なのかも知れません。「四つの葉は幸福をもたらすという」フレーズが人々の心を捉えたようです。

名前の由来は、破損物を輸入する際に詰め物として使われたことによります。ヨーロッパ原産の多年草ですが、今はすっかり帰化して畦道や野原、牧草地に生育しています。

そう言えば、シロツメグサの花を摘んで花輪を作った幼少時代もありました。

花期：3～5月
撮影：5月30日
分布：北海道、本州、四国、九州
草丈：～25cm
多年草

立牛尾菜

〔タチシオデ〕

・シオデ科
・シオデ属

出会えたら幸運の山菜、薬草。

芽を出してからしばらくは独立スタンドです。途中から近くの何かに絡まっていきますので、基本的にはつる性ですが、同属のシオデと対比してタチシオデと言われる所以です。

山菜ファンの方にはお馴染みかもしれませんが、希少で貴重な山菜です。群生することがなくたまたま出会えば幸運と言われるほど。お味は、山のアスパラと言われるそうです。

また、薬草としても大変有能で、血液循環の改善、腰痛や関節痛の痛み止め、強壮に体質改善、そして古くは梅毒の治療薬として有名であったと言います。

花期：5～6月
撮影：5月30日
分布：本州、四国、九州
草丈：～2m
多年草。つる性。

子持ち万年草

・マンネングサ属

手間がかからず、増えすぎず。

葉腋（ようえき）（葉の付け根）にムカゴがついた状態を「子持ち」と例え、放っておいても枯れることが無いことを万年と表現し、子持ち万年草。

ムカゴ（珠芽）とは、栄養分を蓄えたわき芽が肥大した部分のこと。この肥大したわき芽を切り離すことで繁殖していく植物です。子持ち万年草や山の芋などがこれに当たります。

サボテンのような肉厚の葉は、乾燥条件によく適合できる形態らしく、子持ち万年草は乾湿どちらの条件下でも生育できるようです。山野草ガーデンづくりには活躍できそうですが、いかがでしょうか。

花期：5～6月
撮影：5月31日
分布：本州、四国、九州、沖縄
草丈：～20cm
多年草

夏の山野草

山独活〔ヤマウド〕

・ウコギ科
・タラノキ属

人間は一方的に評価を下す。

ウドの大木のウドです。山野に自生しているヤマウド。大型の野草で大きなものだと百五十チセン前後になります。ここまで大きくなってしまうと、木のようになりますが、木材のように使うには柔らかすぎ、食用にするには時期遅し、ということで何の役にも立たない。そういう野草は他にも様々あるはずなのに、なぜ、ウドがその例えにされてしまったのか。それは、若いうちに役に立つところが多すぎたからではないでしょうか。人間社会に例えれば、期待が大きすぎて、その通りにならなかったときの落胆と同じです。期待も落胆も、本当はウドにはなんの関係もないことです。

花期：８～９月
撮影：６月３日
分布：北海道、本州、四国、九州
草丈：～150cm
多年草

夕化粧

・マツヨイグサ属

遠回りして調べることの意味。

赤というより、ピンクに近い、そして蛍光色。その時手元にあった野草図鑑には出ておらず、名前がわからない。そこで、フェイスブック上で山野草の好きな方たちが集うサイトがあり、写真をアップして名前を尋ねてみました。あっという間に回答が届きました。皆様本当によくご存知です。

そこで奮起してこちらも、今度はユウゲショウが載っている図鑑を購入しました。今では図鑑の数も相当数。図鑑だけで調べ同定するには限界があることも重々よくわかりました。しかし苦労して調べることの意味も同時に実感しています。連想が思わぬ収穫を生むことがあるからです。

花期：5～9月
撮影：6月3日
分布：南アメリカ原産
草丈：～60cm
多年草。葉は互生。

丘立浪草

〔オカタツナミソウ〕

・シソ科
・タツナミソウ属

綺麗な色には訳がある、と思う。

やや！…、この澄んだ色の綺麗さにしばし動きが止まる。林縁部に姿を現したオカタツナミソウの小群生。

この野草に限らず、何故、自然のものは色が綺麗なのだろう！　と思うことがしばしば。そして色とは何か、と改めて考えてみることもあります。色とは物体と光とが織りなすコミュニケーションの結果。別の言い方をすれば、物がどういうものであるかが光によって暴かれている、とも言えそうです。

そう言えば、人間が作る製品の世界でも、綺麗な色が出ているものは、まず、素材の質が良い、そこにバランスの良い形がつくと、自然の美の相似形になります。

花期：５～６月
撮影：６月４日
分布：本州、四国
草丈：～50cm
多年草

苗代苺 ナワシロイチゴ

・イチゴ属

野苺なのに、全く記憶になかった。

苗代の頃に赤い実が熟するので、ナワシロイチゴ。

野苺は幾種類もありますが、この苗代苺だけは記憶にありません。背丈も低く、他の雑草の中に混じってしまうと、ほとんど目立たないからかも知れません。

赤い実は生食も可能ですが、ジャムにすると美味しいと言います。もちろんどういう味かもわかりません。

今回、はじめて意識の中に入ってきました。来年は、既知の植物になりますが、すべての知識には、はじめがあります。このはじめが大切。だから、子供にはもっと、自然を。自然は自由に感じ、考えることを許してくれる世界だからです。

花期：5～6月
撮影：6月4日
分布：日本全土
雑草的低木

甘野老

（アマドコロ）

・キジカクシ科
・アマドコロ属

放物線の下に咲き並ぶ。

地面から出た茎が放物線を描くように伸び、先端が上昇基調から下降基調に向かうあたりでストップ。その放物線に沿って、釣鐘状に花を咲かせます。上や下から順番に花が咲くのではなく、ほぼ一斉に花を咲かせますが、ご覧のように茎、葉、花、全てが同系色であり、花が咲いたからと言って格段に目立つ艶姿を作るわけではありません。

この花の肉厚感と配色のバランスが、アマドコロという名前と繋がってしまい、視覚による甘みを感じるのは自分だけなのでしょうか……？

名前の由来は、トコロ（蔓性多年草の総称）に似た根に甘味があることから付けられたと言います。

花期：４～６月
撮影：６月５日
分布：北海道、本州、四国、九州
草丈：～60cm
多年草

蝦夷の羊蹄

・キシギシ属

大地への踏ん張り感、第一位。

エネルギッシュ野草、エゾノギシギシ。春先の活動開始時期もほぼトップクラス。成長の仕方もトップクラス。大地への踏ん張り感は、自分の中では第一位だと感じています。

休耕畑地に何十株と生えていますが、どれも転々としていて孤高。このエネルギー感は調べてみて納得。大変な薬効の持ち主で、中国でも、日本でも、ヨーロッパでも生かされています。様々な型の白血病、皮膚病、強壮、健胃、肝機能障害などに有効であるとされています。含有成分を見ても理解できませんが、素人には成分を超えて効果があるように見えてしまいます。あくまでも、素人の見解です。

花期：6～9月
撮影：6月5日
分布：日本全土
草丈：～150cm
多年草

ヒナゲシ

〔ヒナゲシ〕

・ケシ科
・ケシ属

ヒナゲシの妖しい魔力。

どこの花壇から逃げてきたのか、道端に咲く一輪のヒナゲシ。八重咲きですので野生種ではないかもしれませんが、虞美人草と言われるのはこのヒナゲシ。

追い詰められた項羽が虞姫の先行きを憂い、それを察した虞の悲劇の場面に登場した花なので、虞美人草。

ギリシャ神話の中でも登場しますが、そのストーリーも悲劇。ケシが持つ妖しい美しさと力が役に立ちます。

ヒナゲシの花言葉は、別れの悲しみ、心の平穏、休息、など。どれもケシ植物が持つ力に由来しているように思えます。

撮影：6月5日
分布：ヨーロッパ原産
草丈：～50cm
1年草

胆菜

・エゾコウゾリナ属

明るいろくろ首。

フランスでの俗名はブタのサラダ。それをもとに日本ではブタナと名付けられました。ヨーロッパ原産の多年草です。

日本で一番最初に発見されたのが、一九三三年、北海道の札幌において。と言うことは誰かが意図的に持ち込んだ類のものではありませんから、輸入品の何かに紛れ込んできたと言うことなのでしょう。

花はタンポポに似ていますが、全体のシルエットは違います。タンポポよりも背丈が大きいのに、細い茎がくねるように斜上し、日本の昔のお化け、ろくろ首を思わせるところがあります。黄色くて明るい花ですから、明るいろくろ首です。

花期：６～９月
撮影：６月５日
分布：ヨーロッパ原産
多年草

鳴子百合

（ナルコユリ）

・キジカクシ科
・アマドコロ属

なるほど、鳴子百合。

鳴子、なるものをご存知でしょうか？ 農作物等、鳥の害から防ぐための一つの道具で、簡単に言ってしまえば、音で驚かせて追い払おうと言う仕掛けです。

その鳴子に吊り下がった花姿が似ていると言うことで鳴子百合。アマドコロと大変よく似ていますが、花の形や数、葉の形や間隔など、注意してみると様々な違いを確認することができます。

また、薬効もあり、こちらもアマドコロとは少し働きを異にします。滋養強壮を始め、皮膚真菌の抑制、動脈硬化などに有効と言われています。

花期：５～６月
撮影：６月６日
分布：北海道、本州、四国、九州
草丈：～80cm
多年草

先ずは、人間から関心を寄せる事。

茎上部の節の下、一チセン幅ぐらいに粘液を分泌する部分があって、そこに虫がくっつくことからムシトリナデシコと名前がついたようです。ただし食虫植物ではありませんので、虫をくっつけてしまうことの意味が理解できません。

当の植物からしたら、人間が理解しようがしまいが、余計なお世話だと思えるかもしれませんが、実はそうでもなくて、人間が理解できた場合は、お互いに上手い関係が築けるようになります。

まずは人間から関心を寄せ、理解する。人と自然のあり方の一番の基本形がここにあります。さて、ムシトリナデシコはなぜ、わざわざ粘液を分泌して虫をくっつけてしまうのでしょうか。

花期：5～7月
撮影：6月6日
分布：ヨーロッパ原産
草丈：～60cm
越年草

郷麻〔ゴウソ〕

・カヤツリグサ科
・スゲ属

漢字を見ると勘違いしません。「強訴」とはちょっと過激な名前、と思いましたが、文字が違いました。郷の麻と書いてゴウソと読ませるようです。

名前の由来を調べているのですが、どこにも出ていません。「名前の由来は不明」とはっきり書いてある解説文もありました。そうなると益々知りたくなります。出ていなければ想像するのみ。

麻という文字が当てられています。ということは繊維質ということに関係があるのか、それとも何か人と自然の在り方を繋ぐ上で神秘的な力でもあるのでしょうか。謎は深まるばかりです。別名はタイツリスゲ。

花期：5〜6月
撮影：6月8日
分布：日本全土
草丈：〜70cm
多年草

・オカトラノオ属

黄色で小、を担当するコナスビ。

果実を小さなナスに例えたことからの命名。日当たりの良い道端に、ごく普通に生えている野草ですが、それほど数が多いとは感じません。その年の第一回目の草刈りの後、次の草刈りまでの一ヶ月半から二ヶ月の間に姿を表す小さな野草です。

サクラソウ科オカトラノオ属と知ってビックリ。サクラソウはピンク、オカトラノオは白、コナスビは黄色。桃、白、黄色の三色花が同一科。

開花の時期が少しづつズレますが、サクラソウ科花壇を作って桃、白、黄色を一同に咲かせることは可能かもしれません。背丈も大・中・小ですから、コーディネートの腕の見せ所、となれば楽しい。

花期：５～６月
撮影：６月 12 日
分布：日本全土
多年草

飯子菜〔ママコナ〕

・ハマウツボ科
・ママコナ属

母と子の菜っ葉、ではなかった。

花弁に並んだ二つないし三つの白い膨らみを米粒に見立てたところからの名称。

林縁部の乾いた場所に生育する、半寄生の一年草。半寄生とは、自ら葉緑素をもち光合成しますが、栄養の一部を外の寄生主から供給を受けている場合に言い、ヤドリギなどもこれに該当します。また、この本の中ではコシオガマが同じく半寄生植物です。

何に寄生しているのかは調べがつかず。受け入れ先があることの意味を想像します。植物界にも必ず固有のコミュニケーションがあるのだろう、と。

花期：6～8月
撮影：6月12日
分布：北海道、本州、四国、九州
草丈：～50cm
半寄生1年草。葉は対生。

馬の三つ葉

・セリ属

人間は、調和を図れるか……。

人間が食べるのはミツバ。馬に食べさせるのはウマノミツバ。こちらは人間が食べると不味くてとてもではないが食べられないと言うことで、馬にでも食べさせろ、からウマノミツバになったとか。

命名ストーリーとしては、あまり心地よくない展開です。人間はどうしたって複雑に考えることのできる思考世界を持っているため、自然界の中では当たり前のように自分たちが一番と考えてしまいます。しかし、本当に一番になるためには、自然界のことを知り、調和を図るポジションにいることが前提。

洒落でつけた名前でも、時には皮肉りたくなります。

花期：7～9月
撮影：6月13日
分布：日本全土
草丈：～120cm
多年草

雲切草〔クモキリソウ〕

・ラン科
・クモキリソウ属

名前の由来を推理する。

群生状態のところはなく、川沿い三百㍍に渡って点々と偏在しています。クモキリソウという名前もはじめて知り、ラン科であることもはじめて知りました。

名前の由来を調べようと様々な文献にあたりましたが、手持ちの文献と近くの図書館では調べがつかず。ネットで検索するも、通説と呼べる説明には出会うことができず。

ならば、自分でこの音に漢字を当てはめてみましょう。クモは蜘蛛、キリはこれしかないという意味での切、蜘蛛切草、が予想できる名前の由来です。どう見たって蜘蛛にしか見えない花の形です。

花期：６～８月
撮影：６月 16 日
分布：日本全土
草丈：～ 20cm くらい
多年草

梅恵草

・シュロソウ属

要注意の強毒草です。

梅の花に似ている。恵蘭の葉に似ている。そこから梅恵草と名付けられました。

この写真は、水田脇の少し藪状態になったところに生えていたバイケイソウを写したものです。大型で背丈は百五十チセンは超えていたと思います。

葉が出始めて、まだ花茎がない時は、ギボウシの葉と間違えて誤食する事故も稀にあるそです。毒性が強く、要注意の野草です。

花期：6～8月
撮影：6月16日
分布：北海道、本州
草丈：～150cm
多年草

紫鷺苔

〔ムラサキサギゴケ〕

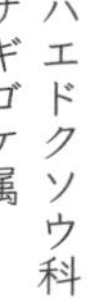

・ハエドクソウ科
・サギゴケ属

地面すれすれの極低空飛行。

花が白いものをサギゴケ、紫のものをムラサキサギゴケとしてご紹介。花の形を鷺に見立て、匍匐枝を出して地面にへばりつくように広がる様子を苔に見立て、鷺苔。そして色を冠して紫鷺苔。

通常、茎や葉や花で地面が見えないほどになるのですが、この写真を撮ったときは、まるで基本骨格を暴くような姿でした。どういう風に匍匐枝が伸びているのか、そこに花がついているのか、一目瞭然です。

花期：4～6月
撮影：6月17日
分布：本州、四国、九州
多年草

毛酸漿（ケホオズキ）

・イガホオズキ属

物言いに、気をつけよ。

小さくて目立たない花になってくると、最初に調べるのが大変です。市販の大概の図鑑は、見栄えがして代表的なものを中心に掲載するのがほとんどですから、このくらいの地味な花になってくると、自分の手持ちの図鑑で掲載されているのは、『牧野植物大図鑑』『山に咲く花』(山渓ハンディ図鑑２) ぐらいです。

しかし、地味という判断は、あくまで人間の側の勝手な判断ですので、本当はあまり使うべき表現なのではないのかも知れません。ただこう言う理屈を前面に出しすぎると、窮屈になって、せっかく芽生えた関心を削ぐことにもなりかねません。法は人を見て説け、と申します。

花期：６～８月
撮影：６月 18 日
分布：北海道、本州、四国、九州
草丈：50 ～ 70cmになる
多年草

秋の田村草

〔アキノタムラソウ〕

・シソ科
・アキギリ属

夏でもアキノタムラソウ？

秋の、とついていますが、この野草は間違いなく夏に咲き始めます。それも早い段階で。今年などは、春の花が一段落し、少しさみしくなったかなと感じていた矢先に現れました。被写体が現れず手持ち無沙汰だったこともあり、何枚写真を撮ったかわからないほど。おかげで随分撮影の感覚がつかめたように思います。

花は近くによってよく見ると、長い毛が生えており、シャープな輪郭を作りません。肉眼で物を見る際は、無意識のうちに様々な調整をしていますが、写真に収めるとはたった一つの条件を切り取るということ。さて、どこまでお伝えできる写真に仕上がっているでしょうか…。

花期：6～11月
撮影：6月19日
分布：本州、四国、九州、沖縄
草丈：～50cm
多年草

瑠璃庭石菖

・ニワゼキショウ属

日本の野草ではなかった。

瑠璃色の庭石菖だからルリニワゼキショウ。何の違和感もなくそう思っていたのですが、様々な野草図鑑を調べていくうちに、ある図鑑では、オオニワゼキショウの別名として紹介されています。

こうなると、素人にとってはどちらを選択したら良いのか判断がつかなくなります。そこで今回採用した基準は、参照した図鑑の発行年と解説の詳細さ。これに照らして、ルリニワゼキショウとしてご紹介することとしました。

それにしてもこの瑠璃色、日本の野草と疑わなかったのですが、北アメリカ原産です。

花期：5～6月
撮影：6月19日
分布：北アメリカ原産
草丈：～30cm
多年草

稚児笹

〔チゴザサ〕

・イネ科
・チゴザサ属

イネ科の質素は、美しい。

葉の形を、小型の笹葉に見立てたことからの命名。

写真の個体で、高さ二十五チセンくらい。まばらな花穂で、大きさは米粒にも満たない程度。これ以上のズームアップでお見せできないのが残念です。一見、全くの地味に見える花穂ですが、ほんのり紫色が入っているものがあったり、開きかけているものがあったり、基本的な形はきれいな楕円形。

イネ科の植物には派手さはありませんが、イネは命の根源という意味、全てがここから始まると思えば、何と美しい原型でしょう。

花期：6～8月
撮影：6月20日
分布：日本全土
草丈：～50cm
多年草

高燈台

・トウダイグサ属

花は燈明台の上で展開する。

直立した茎に綺麗な細長い葉が輪生する姿は、花が咲いていなくても美しいものです。名前も分からず、成長する姿を追ってきましたが、花が咲き出してまた驚かされました。

艶やかで目立つ姿ではないのですが、実にユニークな形態です。加えて開花の展開に動きがあり、まるで自然の万華鏡を見ているかのようです。

花序は燈明台の上で展開する、そして背が高いので高燈台、となりました。

花期：6～7月
撮影：6月25日
分布：本州、四国、九州
草丈：～120cm
多年草

高燈台　高燈台の宇宙空間が出現しました。

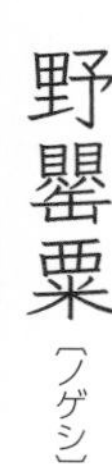

野罌粟〔ノゲシ〕

・キク科
・ノゲシ属

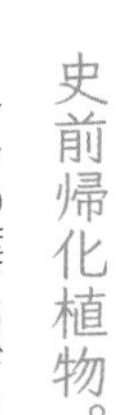

史前帰化植物。

ケシの葉に似ていることから野罌粟。別名ハルノノゲシ。こちらはアキノノゲシに対しての呼び名で、春にもっともよく花を咲かせるからですが、暖かい地方では一年中花が咲いているそうです。

タンポポの花を小さくしたような花で、明らかに黄色という色。アキノノゲシの場合は、白地にごく薄い黄色。そして花の形も違います。

ヨーロッパが原産らしく、日本へは有史以前に中国を経由して渡来したと言われています。このような植物を史前帰化植物と呼んでいるそうです。

花期：４～７月
撮影：６月 27 日
分布：日本全土
草丈：～ 100cm
２年草

・ムカシヨモギ属

よく見れば…。

今はどこにでもあって、数が増えすぎて疎ましいと思っている方も少なくありませんが、明治初期の渡来当初は、相当好感を持って迎えられていたようです。当時の呼び名は、柳葉姫菊。名前とはその時代の人の思いを残すものですが、言葉の軽重は時代とともに変化することもあります。形骸化と言われる現象がそれですが、その張本人は人間でしかあり得ません。意味の変遷を辿る事が、いかに自らを振り返ることにつながるか、そして気持ちを新たにすることにつながるか。よく見れば、ヒメジョオンはとても愛らしい花です。薬用にもなります。

花期：6～10月
撮影：6月27日
分布：北アメリカ原産
草丈：～130cm
1～2年草

溝隠し〔ミゾカクシ〕

・キキョウ科
・ミゾカクシ属

犬のお巡りさん、に見えませんか？

片側展開の小さな花です。花冠の花びらのつくパターンは、ご覧の通り。両耳があって前髪が三列に垂れています。色は優しいピンク。一部グラデーションがかかり白地があるため、尚更優しい感じです。

しかし、繁茂の仕方は素早く、田んぼの土手に溝があってもすぐに覆い隠してしまうほど。それがミゾカクシと言う名前の由来です。

土手は何度も草刈りされる場所。その度に出直しとなるのですが、気候条件の許す限り何度でも姿を現します。この草植物の復原力を考え始めると、動物との決定的な違いを、改めて認識させられます。植物とは、動物の命を支えるだけあって、奥が深い。

花期：6 ～ 10 月
撮影：6 月 28 日
分布：日本全土
草丈：～ 15cm
多年草

野花菖蒲

・アヤメ属

五百種の元、野花菖蒲。

近くにあるアヤメから一月ほど遅れて開花しました。単独で咲いており、これからどうなっていくのか、楽しみでもあります。

園芸品種のハナショウブはノハナショウブを元に作られたと言います。古くから人気があり、改良種は五百種に及ぶと言いますから驚きです。

園芸界は園芸界として、どうぞ存分にお楽しみください。里山ではしっかりと元の種を残していきたいと思います。始まりは、いつか必ず懐かしくなるものです。

花期：6～7月
撮影：6月30日
分布：北海道、本州、四国、九州
草丈：～100cm
多年草

野蒜［ノビル］

・ヒガンバナ科
・ネギ属

手入れの目安草か…。

畑や田んぼの土手、道端など、手入れされているところであれば、どこにでも姿を表します。逆に手入れされずに荒れてきたところからは、いつの間にか姿を消してしまいます。まるで手入れの目安を示す目安草のようです。

小さな玉ねぎのような鱗茎(りんけい)を、酢味噌にあえて、唐揚げにして食されたことがある方も多いことでしょう。なるほど、この臭みと辛み、薬効があることでも利用されます。強壮、鎮咳、生理不順や肩こり、虫刺されなどに効果があるそうです。

花期：5～6月
撮影：6月30日
分布：日本全土
草丈：～80cm
多年草

陸虎の尾

・オカトラノオ属

大人の配色。

名前の由来は、花序を虎の尾に見立てたことによる、とあります。そして、水中や水辺ではなく、陸の上に生えている虎の尾だからオカトラノオ。と言うことはもちろん「水」に関わる虎の尾があると言うことです。この後に出てきますが、ヌマトラノオと言う野草があります。

花は、六月二十七日に下から二～三輪咲き始め、七月一日にはご覧のようなところまで咲きそろってきました。ここまで来るとかなりボリュームもあり、見応えがあります。それにこの花は、近くに寄って一つひとつ丁寧に見た方がずっと好印象です。ソリッドな白い花びら、そして中心がモノトーン調。この配色がどこか大人の雰囲気です。

花期：6～7月
撮影：7月1日
分布：北海道、本州、四国、九州
草丈：～100cm
多年草

白天麻

〔シロテンマ〕

・ラン科
・オニノヤガラ属

夢、幻の野草、のような。

真っ直ぐに伸びた茎を鬼の矢柄に例えてオニノヤガラ。

ナラタケの菌糸と共生し、通常葉緑素のない腐生植物。そう記憶していたのですが、よく調べてみると、花の部分が若干淡い黄白色になっていますので、この手の色素を持ったものをシロテンマと呼んで区別しているそうです。

突然姿を表して伸びたかと思うとあっという間に花を咲かせ、そしてあっという間に花を散らせ、姿を隠してしまいます。潔いと言うのか何と言うのか、こちらが言葉を探している間に、当の対象は地上での生命活動を終えてしまいます。

この速さは、まさに夢、幻の野草です。

花期：6〜7月
撮影：7月3日
分布：北海道、本州、四国、九州
草丈：50〜100cm

七月

砧草

・ヤエムグラ属

砧物語。

果実の形が砧に似ていることからの命名。砧とは、布や藁を柔らかくする時に使う木槌のこと。半世紀前まではどこの農家でも使っていました。昔は、稲藁を捩(よじ)って農事に使う紐を作ることが、稲刈り後の農家の仕事でした。

この野草でまず最初に惹かれたのが四輪生で付いている葉。形が整っていてスマートでシャープで綺麗な緑。これが私の中ではキヌタソウのベースイメージです。

花が咲き出すと、これまた粉雪を散らしたような繊細な白い花。

晩秋、裸電球の下で、砧を打つ音が蘇ってきます。砧の音には、生活の物語があったのです。

花期：7～9月
撮影：7月6日
分布：本州、四国、九州
草丈：～60cm
多年草

草連玉

〔クサレダマ〕

・サクラソウ科
・オカトラノオ属

一瞬、驚きました。

この野草の名前を知らない人が聞いたら、誰だって驚きます。クサレダマ。いくらなんでもそれは酷すぎる。しかし、漢字にして意味を考えると、草連玉、「連玉（レダマ）」というマメ科の植物の野草版という意味が分かります。そこでレダマを調べてみました。え？どこが似てるのか…？　好意的に一生懸命類似点を探したのですが、似ているのは色の感じだけ。

しかし、待てよ…、色が似ているということは、何か共通する成分が含まれているということ。そしてそれが匂いの主成分だったとしたら、匂いが似ているということも考えられます。別名、イオウソウともいうのだそうです。

花期：7～8月
撮影：7月6日
分布：北海道、本州、九州
草丈：～130cm
多年草

透し田牛蒡（スカシタゴボウ）

・イヌガラシ属

姓は透し、名は田牛蒡。

　根をゴボウにたとえ、田に生えるゴボウの意からタゴボウ。スカシの由来については不明と言われていますが、こちらは葉の切れ込みが深く、背後が透けて見えるくらいだから、透かし彫りの意味で冠されたのであろうと容易に推測ができます。これはあくまでも私説であり、一般的にそう言われている訳ではありませんからご承知のほどを。

　水田脇の土手や、土地境の少し窪んだところなどに生えていました。個体数としてはそれほど多くを見ませんでしたので、注意して見なければ、イヌガラシと混同してしまうかも知れません。

花期：4～7月
撮影：7月6日
分布：日本全土
草丈：～50cm
1～越年草

長葉蝿毒草

〔ナガバハエドクソウ〕

・ハエドクソウ科
・ハエドクソウ属

蝿取りに使う毒草です。

正確を期せば、こちらはナガバハエドクソウであると思われます。ハエドクソウとの違いは、葉の形、付き方です。葉柄がなく長楕円形です。

ハエドクソウと言う名前が付く通り、煮出した根の液体を紙に吸い込ませ、その紙をハエ取り紙に使っていたことによります。

長い花穂に独自のパターンで上向きの蕾がつき、水平に開花し、下向きに結実します。そしてひっつき種子になり、チャンスが来れば遠くへ運ばれます。

花期：６～８月
撮影：７月６日
分布：北海道、本州、四国、九州
草丈：～70cm
多年草

野萱草

・ワスレグサ属

根も葉も蕾も利用されています。

葉や蕾は山菜として美味。四月の芽吹きには葉を、七月の開花直前には蕾を、二度食べてそして花を楽しむ。

蕾はいくつもつけていますので、一つ二つ残して食しても平気なのですが、競争相手がいます。少し遅れると蕾や茎に油虫がびっしり。分かる気がします。

中華料理の世界では保存食にした乾燥蕾が使われ、沖縄では不眠や精神安定に効果ありとして食されているようです。根は生薬にもなり、なんとまぁ、有用植物なのでしょう。

花期：７～８月
撮影：７月６日
分布：本州、四国、九州、沖縄
草丈：～90cm
多年草

虎杖〔イタドリ〕

・タデ科
・イタドリ属

利用途を考える楽しさもある。

樹木を伐採した後など、急に開けた土地に生える先駆種の一つ。様々利用途の広い野草ですが、世界の侵略的外来種ワースト百に選定されています。人間の暮らしが植物への関心をなくしているのは、ある意味世界的傾向なのかも知れません。

確かに外来種なのかどうかは改めて調べてみないと分からなかったことですが、身近にあり、普段から見ている側からすると、多いかなと感じたらちょっと間引いてあげれば十分済むことです。いかに関心がないかを物語るに過ぎません。

新芽や若葉は山菜として、根は利尿作用、月経不順、膀胱炎などに民間薬として利用することができます。

花期：7～10月
撮影：7月8日
分布：北海道、本州、四国、九州
草丈：～100cm
多年草

狐の牡丹

・キンポウゲ科

ボタン違い、でした。

キツネもお洒落をするのかしら、と思いながらこの野草を眺めていたのですが、外れました。

「キツネ」とは胡散臭いものの喩えに使われることが多く、この野草の果実が金平糖のような異様な形をしていることに加え、有毒であることから胡散臭い。そして牡丹の葉に似ているところから、合わせてキツネノボタン。

成長途中のまだ小さな段階では、意外にセリと誤って食される事故があるそうです。ラヌンクリンと言う有毒成分が含まれているらしく、食べると口腔炎や消化器炎を引き起こすそうですから、ご注意ください。

花期：４～９月
撮影：７月８日
分布：本州、四国、九州、沖縄
草丈：～60cm
多年草

七月

蛇の髭

〔ジャノヒゲ〕

・キジカクシ科
・ジャノヒゲ属

変われば、変わるもの。

別名リュウノヒゲ。細い葉を蛇や竜の髭に喩えたところからの命名。

ごく当たり前に群生していますが、いつからこうなったのか正直わかりません。ただ言えることは、今の群生地が、七年前までは笹の密林状態で、そこにハチクやマダケが入り込んできており、全く見通しの効かない暗く陰鬱な雑木林だったということです。

お恥ずかしい話、荒れ具合を調査するために入り込んで、全く方向感覚を失い迷子になったところです。背丈ぐらいの笹海原で見通しがきかず。焦りに焦った経験をした場所。そこは今、蛇の髭の群生地です。

ひげ根は麦門冬（ばくもんどう）と呼ばれ呼吸器系の薬に利用されています。

花期：7～8月
撮影：7月8日
分布：北海道、本州、四国、九州
草丈：～20cm
多年草

三つ葉

・ミツバ属

野に出て、三つ葉を摘む楽しみ。

三小葉からミツバと命名される。日本及び中国では普通に栽培され食用とされています。日本での栽培は、一七〇〇年代初期、江戸時代からと言われています。

全草が食用となると同時に薬用としても用いられ、消炎、解毒作用、肺炎や淋病、できもの、帯状疱疹などに有効と言われています。

さっと湯がいて食べれば、野生のミツバは、やはり野生の味がします。バーベキューの時など、ちょっと野に出てミツバを摘んできて、その場で食せば、自然を楽しむ気持ちもひとしお。自然の側でも有効利用されると嬉しいらしい。

花期：6～7月
撮影：7月8日
分布：日本全国
草丈：～80cm
多年草

七月

洋種山牛蒡

〔ヨウシュヤマゴボウ〕

・ヤマゴボウ科
・ヤマゴボウ属

ダイナミックごぼう。

明治初期に北アメリカからやってきた大型の野草。成長の仕方、姿形など、やはりどこかダイナミックでアメリカを思わせます。

その割には、花の咲いている姿はアンバランスに控えめです。しかし花が終わった後は再びアメリカンスタイル。花柄は鮮やかなショッキングピンクに染まり、実は紅紫色の葡萄色。アメリカにおける別名が、インク・ベリーと言われるほど。

今、日本では、空き地や道端など、ごく普通にどこにでも見られますが、条件によって大きさはバラバラ。小は五十センチ以下から大は二百センチを越すくらいまでになります。

有毒植物です。名前にゴボウがつくと言ってもご用心のほどを。

花期：6～9月
撮影：7月8日
分布：北アメリカ原産
草丈：～200cm
多年草

・イヌガラシ属

どんな辛味なのでしょう。

世界に七十種あるイヌガラシ属の一つ。同じアブラナ科のカラシナのように葉に辛味があるが、カラシナと違ってあまり役に立たないと言うことで、イヌの名を冠したようです。

なぜ役に立たないのか、葉を食べてみなければ何とも言いようがありませんが、薬草としては利用されています。

ところで、花の黄色がやはりカラシナの黄色の質感です。木材の世界では、材の色を予測するのに、例えばケヤキなどは紅葉した葉の色を参考にすることがありますから、色は中に持っている何かの性質を表現している、と言えることもあります。

花期：4～10月
撮影：7月9日
分布：日本全土
草丈：10～50cm
多年草

大紅蓼

〔オオベニタデ〕

・タデ科
・イヌタデ属

人と自然を改めてつなぐには…。

ボリューム感があって大きい、まず、この花（穂）を見たときの印象です。

タデ科の花は、通常、ボリューム感を求めるべき類のものではないのですが、観賞用に日本へ渡来しただけあって、その点は他の同科のものとは少し違うようです。

休耕畑地で、一株だけ見たもので、他の野草も旺盛に繁茂し始めた時期ですから、咲いているところにたどり着くだけでも精一杯。

全体の姿を写真に収めるとか、最適の構図を探すとか、贅沢を言える状況ではありませんでした。

この場所で、こう言う事情なのですから、荒れている里山へ行って、良い写真を撮ろうとか、野草を鑑賞しようとか、それは最初から無理というもの。人と自然の関わりが益々遠ざかる道理で

花期：7～10月
撮影：7月9日
分布：インド、マレーシア、中国原産
草丈：～150cm
1年草

・ヒヨドリバナ属

葉は植物の工場です。

ヒヨドリバナが普通に丘の上に生えるとしたら、こちらは湿地に生えるので沢ヒヨドリ。

花の色も、白と薄い紅色との違い。開き切ってしまうとそれほどの差はないのですが、蕾の段階でははっきりと違いがわかります。

この沢鵯の色素はどこで作られるのだろう？蕾を作る直前に葉の周りが薄い紅色で縁取られることが分かりました。もしかしたら葉で作られた色素が、花と茎に供給されているのかも知れません。葉は植物の工場ですから、ありえない話ではない、と思います。

花期：8～11月
撮影：7月9日
分布：日本全土
草丈：～120cm
多年草

牛尾菜〔シオデ〕

・シオデ科
・シオデ属

自然界は、無限の無限の無限乗。

張られたツルに球形の花序。ミラーボールのような形をしていますが、ギラギラしていません。それどころかこの配色のセンスは何と優しいのでしょう。

緑と言っても無限の緑があり、薄紅色と言っても無限の薄紅色があり、組み合わされた配色には無限の感じ方があり、自然界の見る人と、見られるものとの関係は、無限の無限の無現乗。これこそ自然の奥深さ。人の作った公式は、眺める気持ちを持って覚えなければいけません。公式にだけ縛られると、小さな精神を生きることになる、と思いませんか?

シオデは、関節痛、腰痛、筋肉痛、血行促進などに使われる、薬草です。

花期：7～8月
撮影：7月9日
分布：北海道、本州、四国、九州
多年草。つる性。

竹似草

・タケニグサ属

ケシ科のタケニグサと言います。

五十年も前から「知っている」はずなのに、はじめて名前を覚えました。それまでは「ハンコっぱ」。茎を折ると中が中空で、橙色の液体が滴り、切り口を印鑑のように押して遊んでいたからです。

そのハンコっぱがタケニグサだと分かり、さらに、ケシ科で朱肉の役割を果たしていた液体が有毒とわかりました。害虫の駆除にも使われるほどの毒です。

自分の中では雑草の域を出ませんが、欧米では園芸植物として愛好されているとか。彼我の感じ方の違いでしょうか。

花期：7～8月
撮影：7月9日
分布：本州、四国、九州
草丈：～200cm
多年草

犬稗
〔イヌビエ〕

・イネ科
・イヌビエ属

栽培ヒエの原種。

食用にならないと言う意味でのイヌ、イヌビエ。別名ノビエ、野稗。栽培されるヒエの原種です。

このイヌビエから栽培品種のヒエまでどのように改良されていったのか分かりませんが、ヒエは健康食品として最近見直されていると言います。栄養価も高く、食物繊維が豊富なのだそうです。ならばその流れを原種も持っていると言うことでは？

今はこうして雑草として見向きもされませんが、生えてくるだけでもまし。笹に占領されている時は、ヒエの姿すら見えませんでした。十年前、ここは分厚い笹の壁が取り巻く牧草地でした。その前は笹の壁もない綺麗な耕作畑でした。

花期：7～10月
撮影：7月10日
分布：日本全土
草丈：～120cm
1年草

大血止草・血止草

・チドメグサ属

オオチドメ

ほんとうに、血止めのチドメ。

オオチドメ、チドメグサ、本当に血止めに使われていたことによる命名です。どこにでも生えていて、あまり気にも止めていなかったのですが、医薬品の原料になりうると知って、俄然、関心の持ち方が変わりました。

地衣類のように地面にへばりついているのではなく、屹立してはいるが極低層空間で生きている野草。どんなに匍匐前進の体勢をとっても、ここまでは目線を合わせることができません。かろうじてオオチドメは葉の上に花柄を出し花を咲かせるので、ほぼ目線通りで撮影が可能でした（チドメグサは葉の下に花を咲かせます）。

チドメグサ

花期：6 〜 10 月
撮影：7 月 10 日
分布：北海道、本州、四国、九州
多年草

白藜〔シロザ〕

・ヒユ科
・アカザ属

往年の有用植物。

古い時代に渡来した帰化植物。食料の乏しかった時代には、大切な食料源だったことでしょう。ビタミン類が豊富に含まれ、天ぷらや汁の実にして食します。

また、大きくなり、この写真の個体で二メートルを超えます。茎は木質化し頑丈なため杖などにも利用されたと言います。

しかし、こんな有用植物も物が豊富な時代にあっては雑草に過ぎません。真実は、プラスチック過多、そして廃棄食料過多に過ぎないのに。

花期：9～10月
撮影：7月10日
分布：ユーラシア原産
草丈：～200cm
1年草

雌待宵草

・マツヨイグサ属

日暮れを待って花開く。

日が暗くなるのを待って開花するから待宵草。大待宵草よりも花冠が小さいので雌をつけて雌待宵草。

夕方に開花し、次の日の午前中早い時間には閉じてしまう一日花。この閉じた花が赤くなるのが待宵草で、こちらはチリ原産の多年草ですから、同じ帰化植物でも原産地が異なります。

アメリカ原住民は、この野草を最大限利用していたそうですが、現代の科学は証拠不十分としているとか。しかし、今は、月見草油なるものが採取され、関節リウマチ、更年期症などに利用されている、ということです。

花期：6～9月
撮影：7月10日
分布：北アメリカ原産
草丈：～150cm
越年1年草

大葉川芎

〔オオバセンキュウ〕

・セリ科
・シシウド属

大型の一本野草。

川沿いの森の、川から少し離れたとこに生えた大型の一本野草。一本松になぞらえて、そう言っても違和感のない立ち姿。草丈は二メートルを超え、先端に花火が炸裂した瞬間の如く花を咲かせている。薄い紅紫色がかった部分が蕾で、その周りが白い花。

同じ野草と言っても、地べたから五センチ空間を生きている野草もあれば、小型の樹木よりも高い空間を生きている野草もあります。

撮影は這いつくばったり、脚立に昇ったり、その時の野草の姿に合わせる作業です。目線を合わせるとは、波長を合わせることにもつながります。

花期：7～9月
撮影：7月11日
分布：北海道、本州（中部地方以北）
草丈：1～2m
多年草

面高（おもだか）

・オモダカ属

立場が変われば、扱いが変わる。

そう言えば、むかし人面魚騒動がありましたが、こちらは田の中の人面草か。長い葉柄の先に付いた鋭いヤハズ型の大きな葉は、見方によっては顔（面）のようにも見えます。その面が高い位置についているからオモダカという説があります。

田の草として見た場合は、そこそこ大型でしぶとい根を持ち、少々厄介な草です。しかし、観賞用に栽培している側からすると、葉も花のつき方もユニークで好ましいのでしょう。立場が変われば扱いが変わる、とはこの世の常です。面高の栽培変種にクワイがあります。おせち料理に登場する、あのクワイです。

花期：8～11月
撮影：7月12日
分布：日本全土
草丈：～80cm
多年草

地茸刺し

〔チダケサシ〕

・ユキノシタ科
・チダケサシ属

近くにチダケはないか…。

チダケとチダケサシ、同じような場所に生えるということなのでしょうか。チダケを採ったら、チダケサシの茎に刺して持ち帰ったことから、チダケサシの名が付いたと言われています。時期的には両者とも同じ、そしてチダケサシも少しジメジメしたところに生えますので、可能性はあります。

この写真の場所はチダケサシの群生地ですから、チダケを探したのですが見つかりませんでした。名前に囚われすぎた思い過ごしだったのでしょうか。

花期：6～8月
撮影：7月12日
分布：本州、四国、九州
草丈：～80cm
多年草

越路下野草

・シモツケソウ属

繊細な美しい花です。

さて、名前に地名関連が二つ連なっていますが、それはその両方の地域に多いという意味なのでしょうか。越路とは、越後から越前にかけての日本海側。下野とは、栃木県のこと。越路下野草。

この野草も、一時姿が見えにくくなったものの一つです。もう何年前になるでしょうか、一〜二株花が咲いているところを見つけ、その時に植物図鑑で調べて覚えた野草です。今は随分個体数も増え、何ヶ所かのポイントで姿を見ることができるようになりました。

薄紅色の小さな花が集まった散房花スタイルですが、中にはほぼ紅色という濃厚な色をつける個体もあります。目線を合わせてじっくり見ると、繊細な美しい花です。

花期：7〜8月
撮影：7月13日
分布：本州、四国、九州
草丈：〜100cm
多年草

越路下野草 濃紅な越路下野草は、間近に見るとこれほど艶やかです。

鵯花

〔ヒヨドリバナ〕

・キク科
・ヒヨドリバナ属

花が咲くまでの期待感がいい。

ヒヨドリが鳴く頃に花が咲くから鵯花。かなり大型の多年草で、二メートル近くになると言われていますが、この写真のもので二〇センチくらい。

発芽してから花が咲くまでの間、ずっと観察してきたのですが、この野草は葉と葉の並びが美しい。小群落では尚更です。花が咲いてからよりも、むしろ花が咲くまでの間が印象に残っています。

地面から上の部分は、薬草として利用されており、解熱や鎮咳、糖尿病による浮腫、リウマチ、黄疸などに効果があるそうです。

花期：7～10月
撮影：7月13日
分布：北海道、本州、四国、九州
草丈：～200cm
多年草

・オトギリソウ属

型があるのに計算できない花。

花びらがよじれ巴の形になることからトモエソウ。この納まりのない花の形をどう見るか、だらしがないと見るか、ユニークと見るか。

普通私たちは、花の形といえば、定型のパターンを持った計算できる形を思い浮かべます。しかし、巴草の花の形は、型があるのに計算にはおさまらない、何ともユニークな形。

薄い黄色、その色をのせている花びらの質感、そこに雨上がりの水滴が付き、自然の清々しさの真骨頂です。巴草の花は、ただ巴草の花を演じているだけ。自然の姿とは、ただ、ある、のみ。

花期：7～8月
撮影：7月14日
分布：北海道、本州、四国、九州
草丈：～150cm
多年草

弟切草

〔オトギリソウ〕

・オトギリソウ科
・オトギリソウ属

弟切草物語。

この野草の印象は、名前の由来物語で決まりました。鷹の傷を治す秘薬としていた鷹飼いが、その秘密を漏らした弟を斬ってしまい、その時に飛び散った血が花や葉の黒点になったという物語。なぜこんなに切なく悲しい物語が必要だったのか、理解に苦しむところですが、今こうして野に咲く弟切草は、ただ花を咲かせているだけ。

実際、切り傷や関節痛、神経痛に効果があるようです。一旦油に浸した葉を患部に塗布して使うようですが、実際に試したことはありません。切ないほどに薬効のある野草というイメージ、見かけたら、丁寧に増やしていきたいと思う気持ちが湧いてきます。

花期：7～9月
撮影：7月15日
分布：日本全土
草丈：20～60cm
多年草

・イチゴ属

自然は、全ての原書。

　ほんとうは樹木分類ですが、小さい時から「草」だと思ってきましたので、山野草編の中でご紹介することにしました。

　何と言っても子供の頃は、花よりも実でした。赤い実を見つけてはその場でもいで食べる、この行為が子供にとってはドキドキものでした。小学校を卒業するまではそんな感じでした。ところが、中学生になるとそれどころではなくなり、高校生になると別のワクワクするものができ、大学生ではすっかり関心の対象外。

　しかし、不思議なもので、幼少期の自然体験は決して消えることがなく、深く自省すれば、全てのベースになっていることがわかりました。自然はすべての原書だったのです。

花期：4～6月
撮影：7月15日
分布：北海道、本州、四国、九州
草丈：～300cm
落葉低木

現の証拠〔ゲンノショウコ〕

・フウロソウ科
・フウロソウ属

名前に自信ありの薬効。

道端に何気なく生えている野草ですが、知る人ぞ知る、下痢止めの民間薬として効果抜群の薬草。

スーッと伸びた花柄が二つに分かれて二輪の花を咲かせます。この白い花びらにグレーのストライプタイプは東日本に多く、西日本に行くと紅紫色の花が多いそうです。

直径一チセンぐらいの小さな花ですが、この白い色がどことなく清潔感があって、お気に入りの野草の一つです。どこにでもあると言うのは里山にピッタリだし、効果抜群の薬草と言うことであれば、人間の暮らしに存在感大、と思いきや、現実には、誰にも気づかれずに毎年草刈りの対象になるだけです。

花期：7～10月
撮影：7月15日
分布：北海道、本州、四国、九州
草丈：～60cm
多年草

姫藪蘭（ヒメヤブラン）

・ヤブラン属

目立たないものと出会う喜び。

全体に細い、小さい、目立たない。こんな野草に出会うには、注意力か、予備知識か、あるいは何かの強制力がないとなかなか難しいものです。まさに、姫藪蘭はそんな野草の一つ。

しかし、一度意識の中に入ってくると、なかなか素敵な野草です。ある意味この目立たなさが魅力の一つであるとも言えましょう。

もしこれが、姫藪蘭よりずっと小さなタバコの吸殻だとしたら、それは容易に見つける事ができます。違和感によって目立ってしまうからです。自然界は調和を前提に理想の姿があるため、違和感が生じないことは良いことでもあるのです。

花期：7～9月
撮影：7月15日
分布：日本全土
草丈：～15cm
多年草

蟻の塔草

〔アリノトウグサ〕

・アリノトウグサ科
・アリノトウグサ属

集団の威力。

高さ十チセンぐらいの野草が、畳半畳ぐらいのところにびっしりと咲いていました。蟻の頭のように小さな花、そしてこれらの姿全体がアリの塚（塔）に見えたようで、それでアリノトウグサとなったそうです。

ビッシリと集団で存在していることも蟻の習性に似ています。大群の蟻と格闘したことのある方でしたら実感されると思いますが、小さなものが無数に集まるとすごい力になります。この力は、アリノトウグサでは、視覚に訴えるように作用しています。一つ一つ丁寧に花を見ても、なかなか印象に薄いのですが、パッと全体を見た時には、集団で一つなのだと分かりました。

花期：7～9月
撮影：7月16日
分布：日本全土
草丈：10～30cm
多年草。葉は対生。

紅葉笠（モミジガサ）

・コウモリソウ属

里山は、絶対アナログの世界。

春の山菜として人気のシドケはこのモミジガサのこと。東北地方では普通にシドケと呼んでいるようですが、カエデに似た切れ込みのある葉、そしてその大きさを傘に例えてモミジガサが和名の正式名称です。

シドケ、で検索してみると山菜および栽培種での通販サイトがありました。普通に野山で目にしている側からすると、改めて思います。里山は日本の自然資源の宝庫。その里山が荒れるとは、単に現代的な意味合いで活かし方がわからないから、そうなるだけのこと。

自然は絶対アナログの世界。仮想世界でエネルギーを使い果たしたら、補給に帰る場所、帰れる里山を残したい。

花期：8～9月
撮影：7月16日
分布：北海道、本州、四国、九州
草丈：～90cm
多年草

七月

藪萱草

〔ヤブカンゾウ〕

・ワスレグサ科
・ワスレグサ属

まずは、関心を寄せることから。

八重咲きはヤブカンゾウ、単咲き(ひとえ)はノカンゾウ。共に同じく母種は中国原産のカンゾウということですが、日本には、有史以前に渡来しているらしく、帰化植物という位置付けです。

花が咲く直前の蕾の状態は、さっと湯通しして食すると、甘味があってとても美味しい。食材としては金針菜(きんしんさい)と呼ばれています。

根は薬用として利用され、消炎や利尿作用などの効果があるとされます。

食べて良し、薬として用いて良し、花を観賞して良し、関心を寄せることで、はじめてわかる、「良し」の世界。

花期：7～8月
撮影：7月17日
分布：北海道、本州、四国、九州
草丈：～100cm
多年草

黄烏瓜（キカラスウリ）

・カラスウリ属

里山は、半分は人間が作るもの。

仙人のような花、ヒマラヤ聖者かインドの聖者か、あるいは昔テレビ劇画で放映されていたライオン丸か。いづれにしてもユニークな花です。

夜間に花が開き朝には閉じる、まさに夜の花です。早朝、早い時間でなければ花が開いているところを見ることができません。

このキカラスウリが絡み付いているのが、実は、前に出てきたアヤメの株です。どちらも多年草で、毎年同じような光景を作っています。もしここが笹に占領されたら、この光景は消えていきます。

花期：７～９月
撮影：７月 20 日
分布：北海道、本州、四国、九州
多年草。蔓性。

七月

藪枯らし〔ヤブガラシ〕

・ブドウ科
・ヤブガラシ属

ヤブガラシの意味を変える。

藪を枯らすほどに盛んに繁茂することからヤブガラシ。そして別名も驚きです。ビンボウカズラ（貧乏蔓）。こちらは手入れの悪い、貧乏くさいところに繁茂するからだそうです。

この写真の場所は、もちろんよく手入れの行き届いたところです。十年前ならいざ知らず、今は町で一番綺麗な里山と言っても誰も異議を唱えないでしょう。

しかし、貧乏蔓があるということは、まだ粗末にした昔の償いができていないということなのか…。ちょうどこの場所が荒れている時に、テレビアンテナが無造作に捨てられいた場所ですが、今はアヤメが増えている場所でもあります。

花期：６～８月
撮影：７月 20 日
分布：北海道、本州、四国、九州、沖縄、小笠原
多年草。つる性。

大葉子

・オオバコ属

オオバコの生きる世界。

誰もが知っていて、どこにでもあって、派手な要素はなく、それでいて打たれ強い野草の代名詞、オオバコ。和名大葉子は、葉が広くて大きいことが命名の由来。漢名は車前。車が通る道端に多いからと言うのがその理由。オオバコ、と入力すればどちらの表記も出てきます。

この打たれ強さがオオバコの最大の特徴。生ぬるい環境では他の野草に負けてしまうらしい。他の野草は打たれると弱いらしい。ちょうど良い棲み分けです。

漢方では茎や葉、種子などを、咳止め、去痰などに効果があるとして大いに利用しているようです。

花期：4～9月
撮影：7月23日
分布：日本全土
多年草

沼虎の尾

〔ヌマトラノオ〕

・サクラソウ科
・オカトラノオ属

里山本来の姿とは。

ここはサクラソウ群生地の近く、ヌマトラノオ群生地。他にも姫白根、越路下野草等々、様々な野草が順番に、あるいは混成して群生している第一のフィールドで、荒れ具合も半端ではなく酷かったところです。

このフィールドの経過だけで一般化はできませんが、酷く荒れる（偏る）とは逆に言えば、それだけ地力があって植物が生育しやすかったと言うこと。

人間が手を入れることで、野放しの競争状態＝強い者だけが勝つと言う法則が終わり、様々な野草の調和状態が生まれます。これこそ里山の本来の姿なのだと思います。

花期：7 〜 8 月
撮影：7 月 24 日
分布：本州、四国、九州
草丈：〜 70cm
多年草

屁糞葛

・ヘクソカズラ属

写真ですから、ご安心ください。

お気の毒ですが、誤解無用の文字。屁糞葛、音の響きもあまり良くありません。そうっとしておけば、それほどの悪臭ではありません。少し離れて見れば、むしろ花もユニークで楽しい。

そう言えば、『植物図鑑』という有川浩の小説がありました。確か、一番最初に「ヘクソカズラ」の話が出てきたと思います。インパクトを狙うには十分に酷い名前だったからでしょう。

別名は、ヤイトバナ。お灸の跡に似ているからだそうです。せめてヤイトバナと呼んであげる心遣いが欲しいところ。命名者はよほどこの匂いに打ち負かされたのでしょう。

花期：８～９月
撮影：７月 24 日
分布：日本全土
多年草。つる性。

山苦菜〔ヤマニガナ〕

・キク科
・アキノノゲシ属

ノッポのニガナ。

背が高くて華奢な感じで言えば、一番の野草かも知れません。ヤマニガナはノッポのニガナ。

ヒョロヒョロとのびた細い茎につく葉は、下部と上部では形が違います。不揃いの切れ込みの入った下部の葉と細長い上部の葉。上と下で葉の形が違う野草は他にもありますが、ヤマニガナはなぜか印象的。

花は薄い黄色地。アキノノゲシは白地に薄い黄色が入った色。基調色が逆になっているように感じますが、たまたまなのかどうかは不明です。おそらく、追及しても意味のないことなのでしょう。

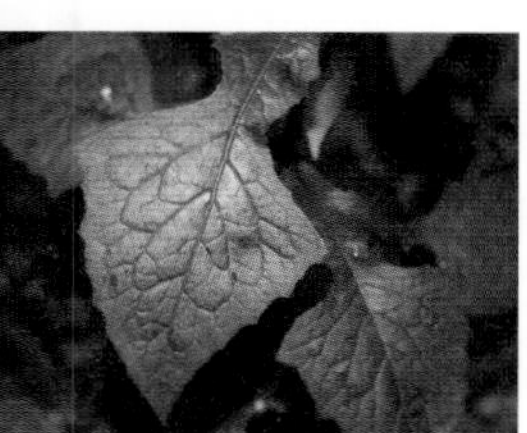

花期：8〜9月
撮影：7月24日
分布：北海道、本州、四国、九州
草丈：〜200cm
多年草

・ニワトコ属

こんなところにも薬草が…。

この大型の葉の生え方が全体のシルエットを特徴づけています。奇数羽状複葉で対生。花の咲き方だけを眺めていると、同じ時期に咲いているオトコエシと一緒に見てしまうかも知れません。あくまでも見慣れるまでの話ですが。

身近に生育する野草ですが、ソクズの葉や根は、漢方ではリューマチや腫れに効果があるとされています。

里山が植生豊かな状態に戻れば、まさに役に立つ宝の山になります。

花期：7～8月
撮影：7月25日
分布：本州、四国、九州
草丈：～150cm
多年草

山百合〔ヤマユリ〕

・ユリ科
・ユリ属

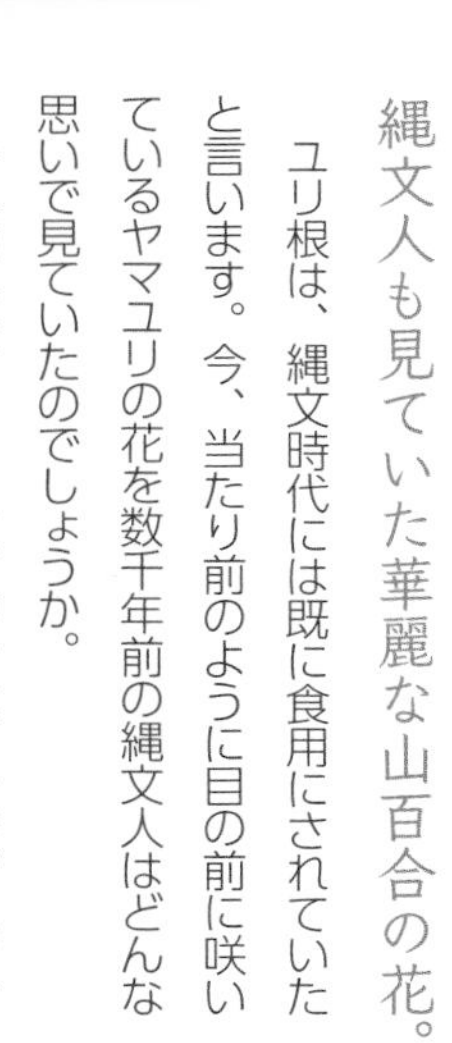

縄文人も見ていた華麗な山百合の花。

ユリ根は、縄文時代には既に食用にされていたと言います。今、当たり前のように目の前に咲いているヤマユリの花を数千年前の縄文人はどんな思いで見ていたのでしょうか。

一八七三年、ウィーン万博で注目を浴びたヤマユリは、大正時代までは主要な輸出品目の一つであったと言います。日本の野草の中では最も華麗な花を咲かせる一つです。

このヤマユリは発芽から開花までには少なくとも五年は要すると言い、そして株が古いほど多くの花をつけると言われています。ある解説書によれば、二十輪ぐらいつけるものがあるそうですが、この辺りでは五〜六輪がせいぜいだったように記憶しています。

花期：7〜8月
撮影：7月25日
分布：本州
草丈：〜150cm
多年草

盗人萩

・ヌスビトハギ属

ブラックジョークは明るく。

果実をしのび足で歩く盗人の足の形に見立てたことによる命名ですが、ここまでくると笑うしかありません。確かに足の外側だけを使って歩く盗人の光景が目に浮かびます。これをドロボーハギ、ヌスットハギとしなかったのは、語感の違いから洒落では済まなくなってしまうからでしょう。ブラックジョークは明るさが命。

果実が出来た後は、注意して歩かないと、どこまでも盗人に付け回されます。ひっつき種子の一つです。

花期：7～9月
撮影：7月26日
分布：日本全土
草丈：～120cm
多年草

ロベリアソウ

〔ロベリアソウ〕

・キキョウ科
・ミゾカクシ属

毒にも薬にもなる。

極めて何の変哲もないものを、毒にも薬にもならないと言う言い方がありますが、このロベリアソウは逆に毒にも薬にもなる。その作用の強さから、素人がにわか知識では扱わない方が良い類のものと言われています。

元々は北米の西海岸に自生する野草ですから、外来種ということになります。この写真の場所は牧草地の近くであり、もしかしたら牧草の中に混じっていた種子が逃げ出したものなのかもしれません。

別名はセイヨウミゾカクシ。英名はインディアンタバコ。ニコチンに似た効果を持つ成分が含まれていますが、中毒性がないことから禁煙サプリメントとしても利用されているようです。

花期：7～8月
撮影：7月27日
分布：北アメリカ原産
1年草

・トウバナ属

形と大きさのベストマッチ。

花穂を塔に見立ててトウバナ。そこにイヌがついてイヌトウバナ。

林縁部や道端などにごく普通に生えています。この写真の個体で背丈が三十センチ弱。見るからに小ぶりな印象ですが、この小ささが逆に好印象で、特に葉が一番のセールスポイント。卵形で、形が整っていて、小さい。もし、これが大きかったら全く別の印象になっていることでしょう。

形と大きさの比率にはベストマッチがあるはず。これを無視すると、人間の作る製品でも、なかなか良いものが出来ません。自然界はデザインのエキスパートです。

花期：8 ～ 10 月
撮影：7 月 30 日
分布：北海道、本州、四国、九州
草丈：20 ～ 30cm
多年草。葉は対生。

姥百合〔ウバユリ〕

・ユリ科
・ウバユリ属

ウバユリを追った四ヶ月。

四月はじめ、ウバユリの葉が地上に現れてから花が咲くまでに約四ヶ月。大きな葉を付けたガッシリとした姿が少しずつ成長し、どんな花を咲かせるのか興味を持って観察してきました。

六月中頃、大きな葉に囲まれるように蕾らしきものが登場しました。茎の先端についたその膨らみは、七月半ばをすぎるころには七十㌢ぐらいに伸び、水平にいくつもの蕾をつけていました。それから二週間弱、とうとう一つの蕾が開花。これがそのウバユリの花姿です。

肉厚地に白い花びら。同じ色でも地の質によってその印象は大きく異なります。ウバユリの白は、さて、どのような印象ですか。

花期：7 ～ 8 月
撮影：7 月 30 日
分布：本州、四国、九州
草丈：50 ～ 100cm
多年草

小葉擬宝珠

・ギボウシ属

有効利用度の高い野草。

四月の半ば近くに姿を表します。十～十五チセンくらいになったら、その若葉をとり、軽く湯通ししてから、醤油か酢味噌を和えて食します。擬宝珠の若葉はウルイと言われ、美味しい山菜の一つに数えられています。

一五年前は一～二株所々で見かける程度でしたが、少し環境を整備しておくだけで増えてくれます。今では随分数も増え、気兼ねなく山菜として食しても大丈夫になりました。手間がからないということで古くから栽培もされているようです。こんな擬宝珠であっても、長年の笹の密生には太刀打ちできません。

花も綺麗、葉も綺麗、食料にしても美味しい、有効利用度の極めて高い野草です。

花期：7～8月
撮影：7月30日
分布：本州、四国、九州
草丈：～60cmくらい
多年草。葉は根生。

金水引〔キンミズヒキ〕

・バラ科
・キンミズヒキ属

清々しい覚悟を持ちましょう。

細長い花序をミズヒキに例えたところからの命名。花は下の方からほぼ順番に開いて行きますが、花序が伸びきってから花が開いていくのではなく、全部の蕾が開き切るまで花序も草丈全体も伸びます。

花の咲き始めから同じ個体を追いかけてみましたが、最終的には一メートル近くまで成長していました。

地上に現れてから、条件の許す限り成長し続けるというのも、清々しい覚悟を感じます。退職後、急に老け込む人を見ると、人間社会では、もしかしたら「老後」などという言葉を撲滅した方が良いのではないでしょうか。

花期：7 ～ 10 月
撮影：7 月 31 日
分布：北海道、本州、四国、九州
草丈：～ 100cm
多年草

鬼百合

・ユリ属

案の定、傾きました。

真上から見た葉の形と並び、何んと美しい。これからどんどん成長していくところで、細い茎を上に伸ばし、本当に大丈夫なのかと思うほど高くなります。

一番背の高いもので、二メートル近くなって蕾を付けました。約二ヶ月後のことです。それから更に二週間後、一つの蕾が開花しました。案の定、花の重みに耐えきれず茎がどんどん傾いていきました。三輪、四輪と開く頃にはもうほぼ水平状態です。

花が咲き、そして倒れる、もしかしたらこれがこの野草の繁殖戦略の一つなのかもしれないと思いつつも、来年は、倒れないように添え木をしようかとも考えています。

花期：7～9月
撮影：8月2日
分布：北海道、本州、四国、九州
草丈：～200cm
多年草

秋唐松

〔アキカラマツ〕

・キンポウゲ科
・カラマツソウ属

生きた背景を持った知識を…。

丸みを帯びた猫の足型のような葉が地上に現れてから花が咲くまでに三ヶ月。この間「猫の足型」ホルダーを作り、花が咲くまでの途中経過を撮影してきました。名前がわからないために、その間ずっと気にかけ、あれこれと考えたことが、それが判明した時のバックグラウンドになるのですから、同じ知るにも、即座にわかってしまうのとでは、その中身に大きな違いが出てきます。

こんな時、子供は自然の中でのびのびと遊ばせた方がいい、ということの意味を実感します。記憶力が良くて頭の良い子が、先へ行って伸び悩むケースが多いというのは、ものの知り方からくる本質的な問題なのかも知れません。

花期：7～9月
撮影：8月4日
分布：北海道、本州、四国、九州
草丈：～150cm くらい
多年草。葉は2～4回3出複葉。

・ベニバナボロギク属

食糧野草の優良品。

アフリカ原産の外来種。九州上陸から、風に乗ってあっという間に関西、関東にまで広がったと言います。

空き地ができたときに、真っ先に生える先駆植物の一つということですが、他の野草が増え出したときには姿を消す、空き地狙いの繁殖戦略が見られるそうです。

葉及び茎は柔らかく、春菊に似た香りがあり、食糧野草の優品と位置付ける人もいます。日本では南洋春菊の異名もあり、台湾では昭和草、中国では革命草と言われているとか。アクのない食べやすい野草だそうです（自分では食べた事がない）。

花期：８～１０月
撮影：８月５日
分布：アフリカ原産
１年草

露草〔ツユクサ〕

・ツユクサ科
・ツユクサ属

素敵な命名ストーリー。

ツユクサの名前の由来が素敵です。花は、夜明けとともに開花するそうですから、朝露をまとっている場面が多いのでしょう。その印象が名前になったと言います。

正直、この名前の由来を知る前は、梅雨時に咲き始める草花だからツユクサになったのだろうと思っていました。飛んだ思い違いでした。

命名ストーリーを知るだけでも、この野草に対するイメージが全然違ってきます。人間は想像の世界に大きく価値を見出す生き物のようです。

花期：6～9月
撮影：8月6日
分布：日本全土
1年草

節黒仙翁（ふしぐろせんのう）

・センノウ属

里山は、人と自然の交流地。

日本の固有種。すでにいくつかの県で絶滅しているとのこと。また、極めて絶滅に近い都道府県もいくつかあり、準絶滅危惧種の指定となっているところも複数あります。その要因は、里山が荒れていることと園芸愛好家による採取であろうとのこと。

この花の色は、野草にしては珍しい色だと思います。今回、三百数十種取材した中では唯一の色、まさに中間色という色ですが、そこは自然のもの、澄んだ綺麗な色をしています。園芸愛好家にモテるのも無理はありません。

もし、日本の里山が復活すれば、野草は一番身近に楽しめる存在になるはず、なのですが。

花期：7～10月
撮影：8月6日
分布：本州、四国、九州
草丈：～80cm
多年草。葉は対生。

靭草〔ウツボグサ〕

・シソ科
・ウツボグサ属

花壇で数を増やしましょう。

矢を入れ、腰に下げて持ち歩く容器を何と言うかご存知ですか？　靭(うつぼ)と言います。花穂をその靭に見立てたことからウツボグサ。

田の土手や道端など、昔はよく見かけた記憶がありますが、今回の調査ではほとんど数えるほどしか見かけませんでした。数が少なくなっていると言われますが、本当にそのような傾向があるのかもしれません。

このウツボグサの花穂は、乾燥してから煎じて服用すると、口内炎や扁桃腺、結膜炎に効果があると言われています。花壇で栽培する価値のある野草だと思います。

：6～8月
：8月7日
：北海道、本州、四国、九州
：～30cm
草

柚香菊 ・シオン属

なるほど、柚香菊でしたか。

優雅菊だと思っていましたが、柚の香りがする菊と言う意味での、柚香菊（ユウガギク）だと知りました。何度も間近に見ているのですが、ついぞ香を感じたことはありません。そういえば、花の香をかぐ習慣が自分にはないようです。

蕾の状態がしばらく続き、たまたま様子を見に行った早朝、今にも開花しそうな瞬間でしたので、その日の午前中は何度も様子を見に出かけました。動いているところを直接目にすることはできませんでしたが、午前中のうちにほぼ七割方開花。そしてその日のうちに全開。

蕾は開花のための準備期間。じっくり準備して用意万端、一気に花開きます。

花期：7～10月
撮影：8月7日
分布：本州
草丈：～150cm
多年草

草ねむ

〔クサネム〕

・マメ科
・クサネム属

ネムノキの草版。

一年草かぁ…、それにしてもこの野草は物凄い勢いで田んぼに増えるので、農業をしている人にとっては、厄介な種類の一つ。

しかし、目線を合わせて花を見てしまうと、なかなか憎めない表情をしています。配色も良いです。

花の形は、メドハギやネコハギに似ていますが、地色のこの薄いクリーム色は草ネムの独自色。

葉は偶数羽状複葉、ネムノキと同じく、閉じたり開いたり。何のために？　暗くなると閉じるというのですから、睡眠運動と解釈するのが、人間にとっては一番納得しやすそうです。

田の草取りは、花が咲く前にするのが良さそうです。

花期：7～10月
撮影：8月8日
分布：日本全土
草丈：～100cmぐらい
1年草

・ミズアオイ属

よく見れば、可愛らしい花。

東南アジア原産。有史以前に、稲と共に日本に渡ってきた帰化植物と考えられています。

人々の暮らしの中では、それなりに存在感を持っていたのでしょう。万葉集の歌にも登場し、江戸時代までは食用にされていたと言います。また、ベトナムでは今でも食用にされているとか。

しかし、今、日本では水田の悩ましい雑草として扱われるだけ。時代が変われば、ところが変われば、存在の価値も、意義も変わります。ですから、また新しい存在の意義を作り出すこともできるのです。

花期：8～10月
撮影：8月8日
分布：本州、四国、九州、沖縄
1年草

蚊帳吊草

〔カヤツリグサ〕

・カヤツリグサ科
・カヤツリグサ属

今の時代では、連想が難しい。

子供の遊びからついた名前。茎をとって、その真ん中を摘まみ、両側に引き裂くと、途中で四角形ができます。この形を、昔使われていた虫除けの蚊帳に例え、蚊帳吊り草と呼ばれるようになりました。

田んぼの畔に生える野草で、農業従事者にとっては困り物の一つらしいのですが、花材の一つとして十分使えると思います。山野草は物語の作り方一つで無限に想像の広がる世界。閉じた世界にしているのは、他でもない、私たち人間です。

花期：8 〜 10 月
撮影：8 月 10 日
分布：本州、四国、九州
草丈：〜 60cm
1 年草

雁首草

・ガンクビソウ属

今にも飛んで行きそうです。

枝の先についた頭花が煙管の雁首に似ているところからの命名ですが、ポケットモンスターのキャラクターになっても良さそうです。

花はこれが全開の状態であり、小群生が全て開花すると、いつでも出動準備ができている軍団のようです。役に立つかどうかは保証の限りではありませんが、中には意地悪を言いたくなる人もおられることでしょう。

雁首揃えて何ができる!?

花期：6 ～ 10 月
撮影：8 月 10 日
分布：本州、四国、九州
草丈：30 ～ 150cm
多年草

沢白菊〔サワシロギク〕・長葉白山菊〔ナガバシラヤマギク〕

・キク科
・シオン属

シラヤマギク

暫定結論とサワシロギク。

随分迷って暫定結論が、サワシロギクとナガバシラヤマギクです。キク科は種類が多い上に、交配して葉や花の形が少し違ってくるものがあり、これだ！と同定できないものがあります。

葉はサワシロギクなのですが、花弁の数が多く、十を超えることはないとする解説書からするとどうも当てはまらない。しかし、生えている場所がシラヤマギクの隣であったと言うことを考えると、雑種か？　となり、その線で調べていくと、シラヤマギクとの雑種でナガバシラヤマギクがあると言うことがわかり、ひとまず、右の結論としました。通常、サワシロギクは二枚目の写真のように花びらの数が少ないのです。

コギク

花期：8 ～ 10 月
撮影：8 月 10 日
分布：北海道、本州、四国、九州
草丈：～ 60cm くらい
多年草

藪蘭

・ヤブラン属

荒れすぎると姿を消す。

同じキジカクシ科のジャノヒゲは白い花。ヤブランは薄紫色。花が咲くまで見分けがつけづらいと思います。大きさから言うと、ヤブランの方がひとまわり大きくなります。

形が似ている、性質が似ていると言うのは、やはり内在する何かが共通しているからなのでしょう。ジャノヒゲ同様ヤブランにも薬理効果があります。

根を乾燥させ、煎じて服用することで、咳止め、去痰、滋養強壮などに用いられるそうです。

広葉樹林下に生育しますので、里山が荒れていなければ、当たり前のように生えてくる野草です。

花期：8 ～ 10 月
撮影：8 月 10 日
分布：本州、四国、九州、沖縄
草丈：～ 60cm
多年草

雀瓜

〔スズメウリ〕

・ウリ科
・スズメウリ属

スズメウリでも巨大です。

小さいこと、少量を例えるのに、日本語では「スズメ」と言う言葉を冠します。スズメウリの由来は、カラスウリよりも小さいから、また、その小さな果実が雀の卵に例えられて、と言うところにあるようです。

この世に存在する森羅万象は、全て固有であり、別物です。大きさを比較するのであれば、どこに基準をとるかで、大きいとも小さいとも言われます。アリから見たらスズメウリでも非常に大きい。視点の移動は、時に身を助ける時もあります。

花期：８～９月
撮影：８月11日
分布：本州、四国、九州
１年草。つる性。

釣鐘人参

・ツリガネニンジン属

美しい釣鐘の花。

釣鐘に似た花の形と朝鮮人参に似た根の形からツリガネニンジンと命名されました。

若芽は「ととき」といって、春の山菜として親しまれています。山菜の時期は五月の初めから中頃の状態で、野草にしては、茎も葉もかなりしっかりしています。それから花が咲き出すまでには約二ヶ月半。上向きについた蕾が、咲き出すと同時に釣鐘状に垂れ、一つ二つと咲きそろっていきます。

花の色は薄紫色から濃い青色まで、中には白色のものもあります。朝鮮人参とは違いますが薬効もあり、煎じた根は鎮咳や去痰、滋養強壮に用いられます。

花期：8 ～ 10 月
撮影：8 月 11 日
分布：北海道、本州、四国、九州
草丈：～ 120cm
多年草

釣船草

〔ツリフネソウ〕

・ツリフネソウ科
・ツリフネソウ属

自問自答では済まされない。

帆掛船を吊り下げた形、あるいは花器の釣船に似ているということでツリフネソウの名前がつきました。

水気の多いところを好むようで、三箇所の群生地はいずれもそのようなところです。花の色は、基調色は同じでも、場所によって随分趣が変わります。

根は解毒作用があるため、悪性の吹き出物には、全草を潰して塗布すると効果があるそうです。しかし、ぼちぼち都道府県によってはレッド・リストに上がってきているとのこと。何故、レッド・リストが増え続けるのか、この問いは、自問自答では済まされないように思います。

花期：8～10月
撮影：8月11日
分布：北海道、本州、四国、九州
草丈：～80cm
1年草

姫昔蓬

・イズハハコ属

意味のない、沢山の別名の意味は。

明治維新の頃、北アメリカから渡来した外来種。よほどタイミングが良かったのか、あるいは悪かったのか、別名が時代背景を背負っているものばかり。御一新草、明治草、鉄道草。世変草、西郷草、官軍草。

渡来後は急速に全国に広がったと言います。江戸から明治へかけて、世の中の仕組みが何から何まで変わるときであり、希望と不安と不満が入り混じった時代の中で、別名の羅列となったのでしょう。

好感を持って迎えられていれば、意味のある一つの名前に落ち着くことでしょうから、あまり歓迎されていなかったのかもしれません。今現在も、要注意外来生物の一つに数えられています。

花期：8～10月
撮影：8月11日
分布：北アメリカ原産
草丈：～200cm
2年草

禊萩〔ミソハギ〕

・ミソハギ科
・ミソハギ属

祭事に用いられます。

禊とは、罪や穢れを落として自身を清らかにすることを目的とした神道的行為のこと。その意味を持った文字をあてがわれ禊萩。名前のごとく、祭事に用いられます。

この写真のミソハギは休耕田に自生し、群落を作ろうという段階です。少し気をつけてこの場所を手入していれば、すぐに増えると思われますが、放っておけば、セイタカアワダチソウには勝てないだろうと思います。

人間の暮らし空間の中で、人が自然と関わるということは、バランスを見ながら、そして好みを持ちながら、手を入れるということです。その行為と思いが残るから、手入れされた里山は、優しい空間になるのです。

花期：7～8月
撮影：8月11日
分布：北海道、本州、四国、九州
草丈：～150cm
多年草。葉は十字に対生。

山の芋（ヤマノイモ）

・ヤマノイモ属

粘り強さは野生の強さ。

ヤマイモと言ったり、ジネンジョと言ったり、幼少の頃から親しんできましたが、それに伴っていたイメージは、野生の強さを持った粘り強さ。

名前の由来も、里芋に対する野性味、自然の強さを意識したところから付けられたようです。実際、擦り下ろされたヤマノイモは、粘りが強く、インパクトのある味です。

とは言っても、これを山の中で探し、掘り起こすのは一苦労。大きなものだと一メートルぐらいになりますから、ひたすら根気良く掘るしかありません。

このヤマノイモも、里山が荒れることで極端に数が少なくなる種の一つです。

花期：７～８月
撮影：８月11日
分布：本州、四国、九州、沖縄
多年草。つる性。葉は対生。

大反魂草

〔オオハンゴンソウ〕

・キク科
・オオハンゴンソウ属

全ては、人と自然の関わり方から。

北アメリカ原産の外来種。明治時代中期に鑑賞目的で導入されたのが始まりですが、一九五五年には野生化していたと言います。

特定外来生物に指定され、今は、日本全国で駆除作業が行われています。野生化したものを相手にするのは、ほんとうに大変なこと。しかし、案ずるよりも産むが易し、と言うこともあります。

インターネット時代にしては、知っている人が少な過ぎるように感じます。まずは広く周知させること、ここからしか始まりません。あくまでもオオハンゴウソウが悪いのではありません。それは、人と自然の関わり方の問題だからです。

花期：７～９月
撮影：８月12日
分布：北アメリカ原産
草丈：～300cm
多年草

・アブラガヤ属

油っぽいので、すぐに納得。

物が油を含んだ時の輪郭は、ボタっと重い雰囲気になります。この植物の名前を調べ始めて、まず最初に検索した科目がイネ科。つらつらとページをめくり、最初に目を止めたのが「アブラガヤ」。超特急で調べがついたのですが、大きな要因は「アブラ」というキーワードでした。

形が似る、雰囲気が似るというのは、内在する何かが共通していること、と私たちは無意識のうちに考えています。この感覚を養うには、自然界は格好のテキストです。自然界を構成するすべての存在は、神様が作ったもの。その全てに共通するものは、もしかして、鉱物も含めて「命」なのかも知れません。

花期：8～10月
撮影：8月13日
分布：北海道、本州、四国、九州
草丈：～150cm
多年草

犬酸漿

〔イヌホオズキ〕

・ナス科
・ナス属

間違ってイヌを付けたのかしら？

ホオズキやナスに似ているのに、役に立たないことからイヌホオズキ。別名はもっとストレートでバカナス。

この場合、役に立たないとは食べられないと言うこと。ホオズキやナスを基準にされては、大概のものは「イヌ」を付けられてしまうでしょう。

しかし、さらに調べると、漢方では薬として利用されているではないですか。解熱や利尿などの目的で配合されているそうです。ただし、有毒なアルカロイド系の成分を含むため、体内には入れない、そして素人処方は避けることが肝心のようです。イヌを付けておくにはもったいない。

花期：8～10月
撮影：8月13日
分布：日本全土
草丈：30～60cm
1年草

・オミナエシ属

一つで三回楽しみました。

オトコエシとオミナエシ、どちらが先に名前が付いたか、皆様、想像がつきますか？　命名の世界でも、生物学的な順番をしっかりと踏襲しているようです。

春の芽吹きの時、この野草が地上に現れ、周囲に根を伸ばしている姿を見た時には驚きました。次に驚いたのが、花芽がついた状態を真上から見た時です。階層をなす葉が面白い陣形を組んでいます。

五月十五日に驚いてから、花が咲くまでにほぼ三ヶ月。花は約一ヶ月間咲き、花の後にまた感動。花後の姿がこれまた良いのです。

花期：8 ～ 10 月
撮影：8 月 13 日
分布：北海道、本州、四国、九州
草丈：～ 150cm
多年草

大根草

〔ダイコンソウ〕

・バラ科
・ダイコンソウ属

幸せを運ぶ、バラ科の黄色い花。

根生葉がダイコンの葉に似ていることからダイコンソウと呼ばれるようになりました。

太くガッシリとした根の部分が似ているわけではないので、食用には期待できませんが、観賞用にはいかがでしょうか。黄色い花を咲かせるバラ科の野草、この花の形はアニメ・キャラクターを生み出しそうです。

果実はひっつき種子の一つであり、通りすがりに触れるといつの間にかくっついている。そうやって運んでもらう魂胆なのです。

花期：6～8月
撮影：8月13日
分布：北海道、本州、四国、九州
草丈：～80cm
多年草

河原決明

・カワラケツメイ属

どちらの意見にも耳を傾ける。

この手のタイプの葉を持った野草はいくつかありますが、この形態を偶数羽状複葉と言うそうです。なるほど、こうした現実の姿を整理した用語は確かに便利です。

数限りなく種類があるかに見える植物の世界ですが、分類するにあたって、形態上の最大公約数を絞り込んでいくと、そのままそれが植物の専門用語となります。

ですから、最初は面倒でも、専門用語を覚えることは、効率よく植物の世界に入り込んでいく一つの王道になります。しかし、この王道にいつ入ったら良いかは意見の分かれるところ。学問の眼鏡をかける前に、自由に、直に、対象に触れる期間を持つべきだ、とする意見も根強いのです。

花期：8～9月
撮影：8月14日
分布：本州、四国、九州
草丈：30～36cm
多年草

黄花秋桐

〔キバナアキギリ〕

・シソ科
・アキギリ属

色と季節と形が命名の由来。

咲き出し、最初の一輪です。これからどんどん花穂が伸び、その穂に沿っていくつもの花が同時に開きます。その花の形と様子が桐の花に似ていることからの命名で、キは黄色のこと、アキは季節のこと、キバナアキギリ。色と季節と形が名前になりました。

道路工事でよく使われる三角スコップのような葉が地上に現れたのが四月中頃。それから四ヶ月して開花です。咲き始めると、あちらこちらで目にし、中にはそこそこの小群落もありました。

花の中に潜り込んできた昆虫に、うまいこと花粉をつけるなかなかの策略家のようです。

花期：8～10月
撮影：8月15日
分布：本州、四国、九州
草丈：～40cm
多年草

南天萩 ・ソラマメ属

酒蒸しの強壮剤になる。

樹木の南天をご存知でしょうか。縁起の良い木として庭木に好まれています。その南天の葉に似ていると言うことで南天萩。確かに、この葉はメギ科のナンテンにそっくりです。

道端や休耕田の周辺部にみられましたが、個体数はそれほど多くは確認できませんでした。

若葉や根は薬草としても利用され、強壮薬、頭暈に効果がある、さらに酒で蒸すと疲労倦怠にも有効だそうです。

花期：6～10月
撮影：8月15日
分布：北海道、本州、四国、九州
草丈：～60cm
多年草

縮笹〔チヂミザサ〕

・イネ科
・チヂミザサ属

くっつかれると、面倒です。

葉が縮れていますが、笹に似ていることからチヂミザサ。

林床にビッシリと生えます。大概地面が見えなくなるほど繁りますが、背丈が低いため邪魔になるものではありません。しかしタイミングを見て一〜二度は刈り払わないと大変なことになります。

花が終わった後にそのままにしておこうものなら、衣服にくっついて、ベタベタとして取りにくいことこの上もない。

そうやって手入れしていても、毎年毎年ビッシリと生えます。

花期：8〜10月
撮影：8月17日
分布：北海道、本州、四国、九州
草丈：〜30cm
多年草

野原薊

・アザミ属

アザミの色は美しい。

里山でごく普通に見られるアザミは、春から初夏にかけて花が咲くのがノアザミ。夏から晩秋にかけて咲くのがノハラアザミ。

見分け方は、花の咲く時期と花を受けている総苞片が粘るか粘らないか、そして葉の中央の葉脈が赤みを帯びているかいないか、がポイントだそうです。

ノハラアザミは夏から秋にかけて花が咲き、総苞片が粘らず、葉の中央葉脈が赤みを帯びているもの。そして、秋の光の中で、より一層深い紫色をたたえているもの。

花期：8～10月
撮影：8月17日
分布：北海道、本州
草丈：～100cm
多年草

篦沢瀉

〔ヘラオモダカ〕

・オモダカ科
・サジオモダカ属

田の草と言われ、薬草と言われ。

葉がヘラの形をしているオモダカの仲間なので、ヘラオモダカ。田の草の一つですが、薬草の一つでもあります。根茎の部分を採取し、よく日干し乾燥させた後、煎じて服用するもよし、酒につけて服用するも良し。利尿、下痢、胃内停水などに効果があるとされています。

薬酒づくりに興味のある方は、稲刈り直前の田んぼで、田の草取りと称してヘラオモダカ採取をされてはどうでしょうか。大概の水田で見つかるはずです。もちろん、一言お断りする必要はありますが、お仕事の手助けにもなるかも知れません。

花期：7 ～ 10 月
撮影：8 月 17 日
分布：日本全土
草丈：～ 50cm
多年草

金狗尾

・エノコログサ属

ほんとうに金色に輝きます。

出張先で、夕陽を浴びて金色に輝くキンエノコロの群生を見ました。あまりの美しさに写真を撮って使いたい誘惑に駆られましたが、今回のこの本の趣旨には合わないことと、幸いカメラを持参していなかったので、写真を撮ることはありませんでした。

その時も思いましたが、野草を楽しむ時は、条件が許す限り三百六十度、グルリと回って鑑賞することをお勧めします。光が当たる角度、その場の条件等を含め、どの角度から見たら一番よく見えるかが全然違います。時と場合によっては、十倍も美しく見えることがあります。

キンエノコロは朝日か、夕陽か、光ができるだけ水平に当たる時間帯が美しい。

花期：8 ～ 10 月
撮影：8 月 18 日
分布：北海道、本州、四国、九州
草丈：～ 80cm
1 年草

・オトギリソウ科
・オトギリソウ属

価値が生まれる真理。

オトギリソウ科を調べると、四十属千種類ほどあるそうですが、自分の生活空間の中では、オトギリ三兄弟があるだけ。トモエソウ、オトギリソウ、そしてこの一番チビ助のコケオトギリです。

オトギリソウはその名前の由来に強い印象があり、自分の山野草世界の中でもやはりどこか突出した存在です。もし、そのストーリーが自分の中になかったら、この小さなコケオトギリの存在はまず突出することはなかったでしょう。

このことは人間の価値観の本質について、重要なことを教えてくれています。人間は形のない物語世界を信じて、形に価値を置いていることが多い、これが現実です。

花期：7～9月
撮影：8月18日
分布：日本全土
草丈：～10cm
多年草。葉は対生。

山路の時鳥

・ホトトギス属

消えていくものが多い里山。

白地に紫の斑点模様を野鳥のホトトギスになぞらえて命名されました。ホトトギスと名のつく野草にも数種類あり、これはヤマジノホトトギス。

花の付き方や色、模様の出方、花被片（かひへん）の形など、それぞれに特徴がありますが、共通項は斑点のホトトギス模様です。

山路を歩いている時に、よく出会う野草のホトトギスなのでヤマジノホトトギス。

かつては山路があった里山も、今ではほとんどが消えてしまいました。山路が消え、里山の意義が消え、そして様々な野草が消えていく。

本当にこれで良いのだろうか…。

花期：8 ～ 10 月
撮影：8 月 18 日
分布：北海道、本州、四国、九州
草丈：～ 60cm
多年草

赤麻〔アカソ〕

・イラクサ科
・カラムシ属

カラムシ属とは…。

葉を見た時にはシソ科に違いないと思っていましたが、外れました。とりあえず名前が判明したのはずいぶん経ってから。

知らない植物を一つ一つ同定していくというのは思いの外大変な作業で、専門家になればなるほど、結論を出すまでに慎重になるのは良くわかります。その点、素人は、違いがあるものが数多くあるということがわかれば、ひとまずは良しとできるので、気が楽です。そして知識が落ち着けば、自ずとその先が知りたくなるものです。そしてまた思わぬ発見がある。その繰り返しで知識がより深く完成度の高いものになっていきます。

アカソが分かって、すぐ、ナガバヤブマオが分かりました。

花期：7～9月
撮影：8月19日
分布：北海道、本州、四国、九州
草丈：～80cm
多年草。葉は対生。

狐の孫

キツネノマゴ

・キツネノマゴ属

ある、ことに気づくペースがある。

道端に群生。小さな花を次々と咲かせながら、果実穂も長く伸びていきます。この果実穂の形をキツネの尻尾に見立て、花が小さいことをマゴと表現し、キツネノマゴと命名されました。

花は一つ二つと順番に咲いていきますので、オカトラノオのように穂上に咲き揃うことはありませんから、遠くから眺めているだけでは、なかなか花が咲いていることにも気づきにくいでしょう。

しばし足を止めて目を近づけた時に、はじめて色のきれいさと、配色のセンスの良さに気づきました。

花期：8～10月
撮影：8月19日
分布：本州、四国、九州
草丈：～40cmくらい
1年草。葉は対生。

長葉藪苧麻

〔ナガバヤブマオ〕

・イラクサ科
・カラムシ属

カラムシの仲間です。

イラクサ科カラムシ属で、この地で確認されたものは、前掲のアカソとこのナガバヤブマオ。

古くから繊維を取るために栽培されてきたカラムシの仲間で、カラムシ同様茎は繊維質で、その繊維を取るために蒸して皮を剥ぐことのできるカラムシ属のことを総称して、マオ、チョマと呼ぶとのこと。そのマオの中で、葉が長楕円形のものをナガバヤブマオと分類するそうです。ただし、変化が多く、分類の難しい属とのこと。

花期：8〜10月
撮影：8月19日
分布：北海道、本州、四国、九州
草丈：〜120cm
多年草

葛

・クズ属

有効利用度で言えば…。

葛粉はクズの根からとった澱粉のことで、その産地が奈良県の国栖（くず）であったことからの命名です。

このクズは放置しておけば、あまりの繁殖スピードに様々な環境阻害要因となってしまいます。盛んなときは一日に何十チセンも伸びます。ぜひ、こうしたクズのエネルギーを有効利用したいものです。

乾燥させたクズの根は風邪薬の葛根湯に利用されています。また、クズの繊維は葛布となりますが、繊維をとるまでに手間のかかるものであり、絶対利用度はなかなか上がりません。生産効率から有効利用度へ、そんな価値観が生まれる時代でありたい。

花期：7～9月
撮影：8月20日
分布：日本全土
多年草。つる性。秋の七草の一つ。

榎草

〔エノキグサ〕

・トウダイグサ科
・エノキグサ属

この順番だけは、変わらない。

エノキと言えばニレ科の落葉高木。そのエノキの葉にそっくりなことから命名されました。

上に伸びているのが雄花。その下に抱かれるようにしているのが雌花。この雌花を抱くようにしているものを総苞（そうほう）と言い、これを編笠に見立てたところから別名アミガサソウとも呼ばれます。

写真のエノキグサは休耕畑地に一株だけ生えていたもので、花が咲いてもほとんど目立ちません。関心を寄せなければそれまでのこと。人と自然の関わりは、あくまでも人間が先に関心を寄せるところから始まります。

花期：8～10月
撮影：8月21日
分布：日本全国
草丈：30～50cm
1年草

吾亦紅（ワレモコウ）

・ワレモコウ属

知識に根ができた。

鮮明な緑色をしたデザートスプーンのような形で、かなりしっかりした質感の葉です。どんな花を咲かせる野草なのか、ずっと追いかけていきましたが、七月三十日、早いものがほんの少し開花。それからあちらこちらで咲き始め、ワレモコウの季節に。

長年この花は見て知っていましたが、名前がわからず。もちろん、葉と花が結びついたのもはじめて。後で歌にもあるワレモコウと分かり、宙ぶらりんだった「知っている」がはじめて根を下ろしました。

花期：8～10月
撮影：8月21日
分布：北海道、本州、四国、九州
多年草。葉は奇数羽状複葉。

畔蚊帳吊

〔アゼガヤツリ〕

・カヤツリグサ科
・カヤツリグサ属

1／700のアゼガヤツリ。

植物分類、探究の世界は、千年や二千年ではなく、もっとずっと長い歴史があると聞いたことがあります。よく考えてみれば当たり前のことで、それが人間の生きることの原点だったわけです。ただ、その知識の体系が連綿と今日まで伝えられてきている世界があるのは驚きです。

カヤツリグサ属は、およそ世界で七百種分類されているそうです。こうして一つ確認するだけでも大変な作業なのに、後六百九十九種待ち構えているわけです。1／700のアゼガヤツリは田の畔などにごく普通に生える一年草です。

花期：8～10月
撮影：8月22日
分布：本州、四国、九州、沖縄
草丈：～40cm
1年草

・センニンソウ属

豊かな自然、とは何か？

葉がボタンに似ていてつる性であるところからの命名。

草だとばかり思っていましたが、半低木という位置付けだとわかりました。植物分類学は微妙なところになってくればくるほど、専門外の人には分からない世界です。しかし、野の花という括りでいけば、充分に山野草の世界で通じます。

中心にほんのりクリーム色を抱いた白くて小さな花。どう見ても日本の野草です。私たちが自然とお付き合いすることの重要な意味は、様々な命の世界を直に感じ取ることにあります。それゆえ、自然植物の種類が多い日本であり続けたい、と切に願います。

花期：8～9月
撮影：8月22日
分布：本州、四国、九州
半低木。つる性。葉は1回3出複葉。

水玉草

〔ミズタマソウ〕

・アカバナ科
・ミズタマソウ属

豊かになるように向き合う。

姿、形、様子、まさに名前そのものです。ここまでピントぴったりの名前の持ち主はなかなかいません。

このミズタマソウは休耕田に群生しています。ツリフネソウやミゾハギが混生し、雨上がりに訪れようものなら、冗談抜きで御伽(おとぎ)の国に来てしまったようです。果実が水玉に含まれ、無数に水滴を湛えたところに光が当たる様は、命の宝石が輝いているようです。

しかし、こんな状態も放っておけば、すぐにセイタカアワダチソウに占領されてしまいます。人の手が入ることで植生のバランスが保たれるのが里山自然。豊かな自然を求めるなら、豊かになるように向き合うしかないのです。

花期：8～9月
撮影：8月22日
分布：北海道、本州、四国、九州
草丈：～80cmくらい
多年草

野紺菊

・シオン属

日本の野菊の代表か…。

どこにでもあってごく普通に見られて、日本の季節を彩って、野紺菊はやはり野菊を代表すると思います。

野菊という言葉は、伊藤左千夫の「野菊の墓」によって、ある年代の人には深く印象づけられたことでしょう。

夏の終わりに一輪、二輪から咲き始め、途中数多くの花を咲かせ、秋が深まるにつれ花の色が濃くなって行く、そして静かにその年の花が終わります。

人生に例えれば、始まり、盛んに、枯れて濃くなって、静かに終わり、野菊の咲く墓へ。

花期：8 ～ 11 月
撮影：8 月 23 日
分布：北海道、本州、四国、九州
草丈：～ 100cm
多年草

野紺菊　花、花、花。これが野紺菊の花盛りです。

姫脚細

〔ヒメアシボソ〕

・イネ科
・アシボソ属

軽く、そうなったら楽しい。

山林中の広場、広場と言っても少し余計に木を間伐したところですが、この一角だけ他よりも日当たりの良い空間になっています。近くには水田があり、雨の多い時には水が溢れ出してきますから、湿気の持ちやすい条件でもあります。

ここにヒメアシボソが群生していますが、なるほど名前の通り、姫、脚細、の雰囲気。年に一〜二回草刈りをすれば、藪にすることなく十分に環境を維持できますので、植生の変化を見るには最適な場所です。

花期：8 〜 10 月
撮影：8 月 23 日
分布：日本全土
草丈：〜 100cm
1 年草

豚草（ブタクサ）

・ブタクサ属

外に原因を見つけたい、人の心理。

ブタ草ともボロ草とも言われています。名前の由来は、英語名を直訳したもの。

北アメリカ原産の野草で、日本へは明治期に渡来。本格的に広がったのは昭和になってからだそうですが、夏から秋にかけての時期に発症する花粉症の原因の一つになっています。

花粉症は現代社会病。その原因が植物の花粉だけとは考えにくい。引き金の役割をする事は確かにあるのでしょう。

ブタクサやスギをターゲットにする前に、私たちは、自分たちが当たり前と思っているライフスタイルを検証する必要があるのではないか、と思うのです。

花期：7～10月
撮影：8月23日
分布：北アメリカ原産
草丈：～100cm
1年草

零余子人参
〔ムカゴニンジン〕

・セリ科
・ヌマゼリ属

撮影は、いつも蜂と鉢合わせ。

葉の付け根（葉腋）にむかごが出来て、根が朝鮮人参の形に似ていることから、ムカゴニンジン。

湿地や沼地に生育する野草。ここではユウガギクやキンミズヒキなどと混生していましたが、個体数は数える程度。背丈の割には、それぞれのパーツが小ぶりで、花が咲き始めると、ほぼ倒伏状態になります。

花が咲けばすぐに蜂が飛んできますので、撮影はいつも蜂と鉢合わせ。急ぎ撮らないと、この純白は写真に収めることができません。蜂の用事が済むと、花はすぐに黄ばんできます。

朝鮮人参に似た太い根は、食用になりますが、薬用となるかは不明。

花期：8 〜 11 月
撮影：8 月 23 日
分布：北海道、本州、四国、九州
草丈：〜 120cm
多年草

鉄葎

・カナムグラ属

若芽のクロスはカナムグラだった。

ぐちゃぐちゃと集まって、藪を作るようなものを葎（ムグラ）と言います。そこに鉄がついてカナムグラ。ザラザラとして柔軟性のない茎を鉄に例えたもの。縦横無尽にはびこる様子はクズよりもすごいかもしれません。あっという間に覆い尽くします。

そんなカナムグラも、芽が出た当初は下の写真の通り。形の違う二種類の葉がクロスしています。とてもではないが、芽が出た当初から追いかけていなければ、これがカナムグラだとは分かりようがありません。

発芽から四ヶ月、花が咲くまでの間に一体どれだけの蔓を伸ばしているのでしょう。百（メートル）？　二百（メートル）？　それくらいの勢いです。

花期：8〜10月
撮影：8月26日
分布：日本全土
1年草。蔓性。雌雄異株。

鹿の爪草
〔カノツメソウ〕

花序から、自然を哲学する。

やや肥大した長い根茎を、鹿の爪にたとえてカノツメソウ。

川沿いの樹林下で数株見かけました。直立した茎の先端が枝分かれし、打ち上げ花火が弾けた様子。小さな花がいくつかの塊になって咲いています。この花の形を複散形花序といいます。

一つひとつの花は米粒にも満たない大きさですが、それでも一つの完成形。その完成形が集まってさらに大きな一つの形態を作り、そしてその集合した形態がさらに集合して、カノツメソウの花序になります。

この集合の連続が、自然界の全ての形の、成り立ちの、基本。その秩序を作っている法則を、私たちは、自然、と呼んでいます。

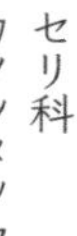

・セリ科
・カノツメソウ属

花期：8〜10月
撮影：8月26日
分布：北海道、本州、四国、九州
草丈：〜100cm
多年草

麻疹草〔ハシカグサ〕

・ハシカグサ属

とりあえず第一段のご紹介。

いかにも意味のありそうな名前ですが、語源は不明。ただし、葉が乾燥すると赤褐色に変化するので、ハシカの発疹が乾いていく時の色に似ているからではないか、とする説があります。

どこと言って特徴のない、目立たない野草ですから、ご紹介するにあたっては一苦労。まずは、乾燥して赤褐色になった葉をとことん調べてみてから、第二段のご紹介方法を考えてみたいと思います。

花期：8～9月
撮影：8月26日
分布：本州、四国、九州、沖縄
草丈：～40cm
1年草

鏡芋（ガガイモ）

・キョウチクトウ科
・ガガイモ属

ガガちゃん誕生、となるか。

「ガガ」、この音は、キャラクター化できる雰囲気を持っています。しかも特徴的なこの花。ぬいぐるみのヒトデのようです。淡い赤紫色ですから、小さな女の子向けでしょう。

ガガイモという名前の由来は、諸説あるようですが、芋のような形をした実が割れた時に、内側が鏡のように光るのでカガミイモ、それが訛ってガガイモになったという説。この説をとるとキャラクター化したときのストーリーは一番想像力が膨らみそうです。

ウルトラマンにはダダ星人が出てきました。音楽界にはレディー・ガガがいます。そして新たに、鏡の世界からやってきたガガちゃん、がいつか生まれないとも限りません。

花期：8月
撮影：8月27日
分布：北海道、本州、四国、九州
多年草。つる性。葉は対生。

蒲

・ガマ属

因幡の白兎譚で有名。

全身の毛皮を剥ぎ取られた白兎が、このガマの穂で助かっています。古事記に出てくる「因幡の白兎譚」。実際、ガマの穂は擦り傷などに効果があるとされています。

また、面白い使い方としては、茎や葉を樽材と樽材の間に利用し、機密性を高めるときにも使われていたと言います。この独特の花穂はソーセージともフランクフルトとも見えますが、千五百年前の先人たちは、どんなふうに見ていたのでしょう。戦が絶えない世の中では、薬草としてだけみていたのでしょうか。水質の浄化にも役立つそうですから、ガマがあるところを狙って居住地を探し求めたとも考えられます。しばし、想像の世界に遊ぶこともまたよし。

花期：6 ～ 8 月
撮影：8 月 27 日
分布：北海道、本州、四国、九州
草丈：150 ～ 200cmになる
多年草

芹
〔セリ〕

・セリ科
・セリ属

第一に、セリの天ぷらは美味しい。

春の七草の一つです。セリの天ぷらは美味しい。そんなことで、まずは花を見る前に天ぷら。

こうしてシゲシゲとセリの花を見たのは初めてのこと。ただ眺めるのと意識を入れて見るのとでは大違い。さらにこの花姿を上手い言葉に出来たら、それはセリの花の格を上げることにつながります。

人間は、言葉を通して創造し、自然の中に食い込んでいくこともできます。言葉とは、自然の相似象か。

セリは競り合って生えている様子から名づけられたと言うことです。

花期：7～8月
撮影：8月27日
分布：日本全土
草丈：～50cm
多年草

筑波金紋草 ・キランソウ属

なぜ、人はルーツを知りたがるのか。

同科同属のニシキゴロモは日本海側に多く、こちらは太平洋側に分布すると言います。名前から推測すれば、最初に見つけられたのが筑波、そして金紋とは、おそらく葉に金箔押しの雰囲気があるからではないかと思われます。

車道沿いの草むらにほんの数株見ることができましたが、個体数の多い野草ではないようです。いったいどこからどういう経緯でこの場所に生えるようになったのか、数が少ないだけに考えてしまいます。ルーツに思いを巡らすとは、存在の必然性を確認する作業で、それは継続的安定生育につなげることができます。

花期：４～８月
撮影：８月27日
分布：本州、四国
多年草

点突〔テンツキ〕

・カヤツリグサ科
・テンツキ属

畦道空間に点付き。

田んぼの畦道やちょっと湿ったところへ行くと、普通に目にすることができます。茶色い点を付けた、背丈が三十〜四十チセンぐらいの野草です。

カヤツリグサ科やイネ科は中々見分けるのが大変ですが、この点突は分かると思います。

命名の元が、天を衝くなのか、点付きなのか、はっきりしないそうですが、畦道で見かけると、空間に点が付いているようにも見えますので、また、上を向いて付いているのが多いですから、両方を採って点突と言うところでしょうか。

花期：7〜10月
撮影：8月27日
分布：日本全土
草丈：〜60cm
1年草

藪蔓小豆

・ササゲ属

リズムと時間は、命の絶対要件。

畑で栽培されているアズキは、このヤブツルアズキが改良されたものと言われています。その時期は、遥か昔、二千年以上前ではないかと…。

こんな話を聞くと、遺伝子工学もない中で、一体どうやって改良の糸口を見つけて行ったのだろうと、想像を掻き立てられます。

間違いなく言えることは、大昔の人の方が現代人よりは、遥かに感覚が鋭かったであろうこと。なぜなら、自然は絶対アナログの世界であり、リズムと時間は、仮想世界とは違い、絶対要件だからです。別の言い方をすると、命の世界に直接触れていたと言うことです。

花期：8～10月
撮影：8月27日
分布：北海道、本州、四国、九州
1年草。つる性。

日陰猪子槌

〔ヒカゲイノコズチ〕

・ヒユ科
・イノコズチ属

猪子槌、ご紹介の前触れ。

残念です。最初から名前の由来を知っていれば、写真に収めたであろうカットがありません。ご参考までに二七二ページのヒナタイノコズチの全体の写真をご覧下さい。

猪の子供のカカトに、茎から枝が分枝している部分が似ているということから猪子槌。そして日陰に生える方の猪子槌だからヒカゲイノコズチ。

以前は、ヒカゲイノコズチ、ヒナタイノコズチを一緒にして分類していたそうですが、今は分けているそうです。薬草としての効果はほぼ同じであり、そちらのご紹介はヒナタイノコズチの方で取り上げたいと思います。

花期：８～９月
撮影：８月 28 日
分布：本州、四国、九州
草丈：～ 100cm
多年草

・アレチウリ属

出鼻を挫く、のが一番。

北アメリカ原産の外来種。日本で最初に見つけられたのが約七十年前、一九五二年静岡県にて。

以来、急速に広まり、その繁殖力の旺盛さから、在来種の生態系が脅かされかねないとして、特定外来生物の指定を受けています（法的規制あり）。

この写真を見ても納得していただけることでしょう。他にもう一箇所、一本の木に絡みつき、木全体の姿が見えなくなるほど覆い隠しているところがありましたが、そちらもすごい光景でした（除去済み）。

つる性のものは伸びきってから手を入れるのではあまりにも手間がかかりすぎます。芽が出たときに手を加えれば、手間は1／10、1／20、1／100で済みます。

花期：8～9月
撮影：8月31日
分布：北アメリカ原産
1年草。つる性。

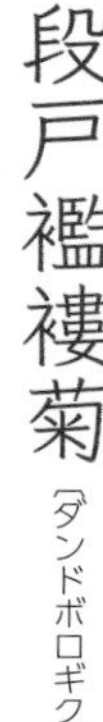

段戸襤褸菊

（ダンドボロギク）

・キク科
・タケグサ属

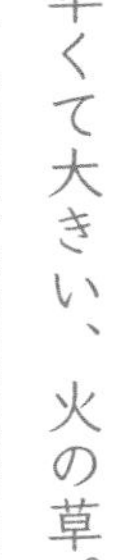

早くて大きい、火の草。

一九三三年、愛知県の段戸山で発見されたことからの命名。

山林の伐採跡などにいち早く入り込んで生育し、すぐに姿を消してしまう性質があるらしく、原産地のアメリカでは、火の草と呼ばれているそうです。火という言葉には消長の速さを感じますが、この大型の野草の開花までのスピードもまさにその感じです。

八月初めに芽を出したと思ったら、ぐんぐん伸びて八月三十一日には開花しています。写真の個体で高さ百二十センチ。前にご紹介したウバユリと同じくらいです。ウバユリは四ヶ月かかって花を咲かせています。違いがあるという事実のみをお伝えしました。

花期：8～10月
撮影：8月31日
分布：北アメリカ原産
草丈：～150cm
1年草

野竹

・シシウド属

暗紫色の花を咲かせるセリ科の野草。

大きな蕾から花が咲き出す瞬間が、どこかエイリアンのようで生々しい。散形状に咲かせた暗紫色の花は目立たないのに印象に残ります。白い花を咲かせるセリ科の中にあっては唯一とのこと。

セリ科の野草は大型のものが多く、野竹も大きなものは百七十㌢前後はあったと思います。

漢方の世界では、肥大した根は、解熱、鎮咳、去痰、消炎薬として使われるということです。

花期：9～11月
撮影：8月31日
分布：本州、四国、九州
草丈：～170cm
多年草

野葡萄〔ノブドウ〕・切葉野葡萄〔キレハノブドウ〕

・ブドウ科
・ノブドウ属

ウ

葉の形には変化が多い。

普通に野に生えるブドウなのでノブドウ。ノブドウの実はタンニンを多量に含むため渋くて食べられませんから、ヤマブドウのようには親しんだことがありません。カラフルな実がなるのに食べられなくて残念、と思った程度です。

しかし、今回改めてノブドウの性質を紐解くと、乾燥した根は薬用として利用されていることを知りました。煎じて服用すれば、関節痛に効果があり、煎じ液で目を洗えば、目の充血に効果があるそうです。また、カラフルな実は、ある種の幼虫が寄生することで生じると知りました。

ノブドウの花は同系色で目立ちませんが、太陽の花、のようです。

ノブドウ

花期：7～8月
撮影：8月31日
分布：日本全国
多年草。つる性。

昼顔（ひるがお）

・ヒルガオ属

本当の音は空気の振動ではない。

昼顔が咲きだすと、決まって思い出すのが某音響メーカーの蓄音機。ホーンスピーカーの原型はもしかしたら昼顔なのでは、と思うほどよく似ています。思わず、咲いているところの近くに行って、何か聞こえないかと耳を近づけてしまうほど。

残念ながら音を聴くことは出来ませんでしたが、近くでこの花を見たときの清々しさはえも言われぬもの。薄い花弁を透過してくる光と、ちょうど雨上がりの後で水滴が残っている様は、空気を振動させる音ではなく、心を震わせるまさに心音と言えるでしょう。

花期：6～8月
撮影：8月31日
分布：北海道、本州、四国、九州
多年草。つる性。

水引

〔ミズヒキ〕

・タデ科
・イヌタデ属

むすび、を考える。

花をつけて長く伸びた茎全体を花序と言います。この花序を上から見ると赤く見え、下から見ると白く見えるところからミズヒキと命名されました。

水引とは、古くからある日本文化の形の一つです。形は思いがあって成り立ち、長く続くことで精神文化の基層となります。赤と白の紐を結ぶ、何と縁起の良い形でしょう。

結ぶとは、人間社会の基本であり、全ての物事の成り立ちの基本でもあります。この結びつきが、今の社会において少し変調をきたしてはいませんか？　人と自然の結びつきは、すべての結びの基本形を作ります。もう一度自然から学ぶ社会を目指すときなのかも知れません。

花期：8 ～ 10 月
撮影：8 月 31 日
分布：日本全土
草丈：～ 80cm
多年草

秋の山野草

赤花

〔アカバナ〕

・アカバナ科
・アカバナ属

日本の色を支えてきたのは山野草？

小さな花。淡いピンクのグラデーション。そしてその雰囲気をコントロールしているのが中心の白い球。こんなにホンワリと優しい雰囲気は、同じアカバナ科でもユウゲショウ（前出）にはありません。これぞ里山の草花です。

色というのは、その土地の気候条件、土壌環境が作り出すもの。日本の山野草は、日本の色を支えてきたのだと思います。その色彩感覚が日本人を作る大きな要因の一つだとしたら、今の私たちは本当の日本人の感性を見失っているところがあるのかもしれません。もっともっと、身の回りの自然に意識を向けてみると、思わぬＤＮＡの目覚めがあるかもしれません。

花期：７～９月
撮影：９月１日
分布：北海道、本州、四国、九州
草丈：～70cm
多年草。葉は対生。

雀萱〔スズメガヤ〕

・スズメガヤ属

遠い昔の罠つくり草。

畦道や野の小道、この草の葉を結んでイタズラ罠を仕掛けたものです。罠にかかるのは親か近所の人。他愛のない子供の悪ふざけです。罠にかかったからと言って、目くじら立てて怒る大人もいなかった。それが時代のリズムというもので、約半世紀前です。今なら大変、クレーマーやモンスターペアレントにでも出会ったら、それこそ洒落になりません。

日当たりの良い野の小道に、ちょうど罠を作るのに良い大きさで生えています。昔も今も生えていますが、今は、罠を作って遊ぶ子供もいません。野に出て遊ぶ子供もいなくなりました。

花期：8～10月
撮影：9月1日
分布：本州、四国、九州
草丈：～60cm
1年草

矢筈草

〔ヤハズソウ〕

・マメ科
・ヤハズソウ属

葉は、ちぎるとヤハズになる。

葉の先端を引っ張ると、ちょうど矢筈のような形に千切れることからヤハズソウ。ごく普通に道端に生える野草です。

正直、毎年見慣れている「草」ですが、名前を調べ覚えたのははじめてです。それまでは野草などという意識はなく、十把一絡げで「雑草」という意識でしかありませんでした。その状態では、花が咲いていても意識して見ておりませんから、どんな花かは覚えていないのです。今回、改めて注意深く見ることで、花の形、そして名前の元になった小さくて美しい葉を記憶に留めることができました。

花期：8～10月
撮影：9月1日
分布：日本全土
草丈：～40cm
1年草

蔓豆（ツルマメ）・ダイズ属

空中ブランコを楽しむ花たち。

大豆の原種と考えられているのが、この蔓豆。道端にごく普通に生えているつる性の野草です。

紅紫色の小さな花を、一定の間隔を置いて少数複数づつ咲かせています。この写真の個体などは、まるで空中ブランコを楽しんでいるかのようです。本人たちは盛んに蔓をはわせているようですが、元が小さいので、蔓延(はびこ)った空間もしれたもの。

時に小さいとは障害にならず好ましいものでもあります。

花期：８～９月
撮影：９月２日
分布：日本全土
１年草。つる性。

藪豆

〔ヤブマメ〕

・マメ科
・ヤブマメ属

品とは、目立たずして現れるもの。

細い蔓をくちゃくちゃと縮め込むように絡みついていく様子が、ヤブと名を冠した所以なのでしょう。同じマメ科のツルマメと比較しても、やはり絡み方は密集的です。まさか、ヤブ医者のヤブと言うことはないでしょうから。

蔓の様子とは異なり、ヤブマメの花はスラっと伸びやかでセンス抜群です。この色の組み合わせが、夏の終わりの風を受ける都会の淑女というイメージです。ほんのり薄い紫が白地に溶け込んでいく様子は、派手さで目立つのではなく、気品で魅力を作ります。淑女を例えに出したかった所以です。

花期：8～10月
撮影：9月2日
分布：日本全土
1年草。つる性。葉は3小葉。

青み

・ミズ属

自然は無限の想像力が養われる世界。

葉や茎全体がきれいな緑色で瑞々しいからアオミズ。ミドリと言わずアオと表現するのも日本語の面白いところ。

この時期、葉の付け根（葉腋）に花が咲いているのにはクワクサがあります。花の形や色具合はギシに似ていますが違います。葉の形は多少似ていますが違います。しかし花がついている場所が違います。

無限のパターンが用意されているのが自然界。その自然界に関心を持つと言うことは、人間が自分のやり方で、無限のパターンを想像し直してみると言うことです。これほど創造力が養われる世界が他にあるでしょうか。

花期：7～10月
撮影：9月4日
分布：北海道、本州、四国、九州
草丈：～50cm
1年草

韮

〔ニラ〕

・ネギ科
・ネギ属

古事記ではカミラで登場。

純粋に野生種なのか、栽培されていたものが野生化したものなのか、いまだに分からないそうですが、中国では一番古い野菜の一つと言われており、日本でも古事記の中に加美衣（カミラ）の名で登場しています。

いずれにせよ言えることは、食べて美味しい、体に良い、花が綺麗、と言うことです。薬理効果も様々で、止血、解毒作用、強壮、強精、インポテンツなどにも効くそうです。

花期：8～9月
撮影：9月4日
草丈：～50cm
多年草

都薊（ミヤコアザミ）

・トウヒレン属

気品を狙ってミヤコ付き。

　咲き出す瞬間が一番アザミに似ています。開き切ってしまうと、花の形自体はそれほどアザミには似ていません。アザミに通じるものとしては、やはりこの色具合でしょう。そしてそこにミヤコがつくのは、気品のある花姿を都人に例えたから、とのことです。あくまで命名者の主観の話です。

　この花の面白いところは、先端に無限マークをいくつもつけていることです。形に意味があるとしたら、左右バランスの取れた安定体。あるいは何らかの情報の受発信のアンテナ、と言うのもありかもしれません。そんな空想もミヤコアザミと向かい合ったからこそ。

花期：9～10月
撮影：9月4日
分布：本州、四国、九州
草丈：～150cm
多年草

雄日芝

〔オヒシバ〕

・イネ科
・オヒシバ属

時間が蓄積された道。

色、質感ともに日向の強さ。オヒシバのこの丈夫さは林内の野草にはみられません。夏の強い日差しの中でも繁茂するから日芝。さらにメヒシバに比して、その力強さから雄を冠し、雄日芝。

畦道やその他の田舎道など、舗装されることのまずない古い道は、このオヒシバやオオバコのような野草のおかげで、雨が降ってもぬかるむことがありません。何百年にもわたって人々の生活の中で使われ、踏み固められた道には「雑草」が貢献していたのです。砂利道にはない、歴史のある道、人々の暮らしの時間が蓄積された道です。

花期：8～10月
撮影：9月5日
分布：本州、四国、九州、沖縄
草丈：～60cm
1年草

・クワクサ属

モデル・クワクサ。

葉が桑の葉に似ているのでクワクサ。花は桑の実が咲き出したようで、決して派手とは言えません。

全体に地味であると正直思いますが、この立ち姿、花の付き方、葉の出方は、ある製品のモデルとなり得るのではないか。その名は、野鳥スピーカー。茎はスピーカースタンド。花序はスピーカー。そして葉柄の長い葉は可動式音響板。ご存知のように、木の枝に止まって鳴いている野鳥はなかなか姿を発見することが難しく、どこで鳴いているのかが分かりません。無数の枝や葉が鳴き声を反射し、音源を正確に特定するのは至難の技。これこそ空間に音が満ちていると感じる秘密。それを再生するスピーカーです。

花期：9～10月
撮影：9月5日
分布：本州、四国、九州、沖縄
草丈：～60cm
1年草。葉は互生。

狐の剃刀

〔キツネノカミソリ〕

・ヒガンバナ科
・ヒガンバナ属

花が終わると来年の準備？

遠くから眺めているだけだと、あれっ？　もう彼岸花が咲いたのかな、と思ってしまいそうです。近くへ寄ってよく見れば、すぐに違うとわかるのですが、これは同じヒガンバナ科のキツネノカミソリ。

名前の由来は、花の色が狐の毛色に似ているから。そして花が終わってから出てくる根生葉の形を剃刀に例えることで、キツネノカミソリ、となったそうです。

この名前の由来を知って、慌てて葉の写真を撮りに出かけました。幸い、花の写真と同じ場所に、まだ青々として出ていました。まさか、花が終わった後に葉が出てくるとは思ってもいませんでした。

花期：8～9月
撮影：9月6日
分布：本州、四国、九州
草丈：～50cm
多年草

秋海棠（シュウカイドウ）

・シュウカイドウ属

中国からやってきた秋海棠。

江戸時代に栽培されていたものが野生化し、この近辺でも、たまに山林の中で見かけます。

一番最初に出会った時には、一体誰がこんなところに植えたのか、と正直思いました。日本の山野草というカテゴリーからしたら、色といい、雰囲気といい、やはりどこか異質です。住宅の庭におさまっている方がよほど似合います。

それにしても、ユニークです。開き切っているのは雄花。そして左右に垂れた状態でまだ蕾のものが雌花。雌雄同株。そしてこの葉の形、扇をデフォルメしたような形です。こんなシュウカイドウが杉林の林縁部分で小群落を作っていたのですから…。

花期：８～９月
撮影：９月６日
分布：関東以西、外来種野生化
草丈：～90cm
多年草

日向猪子槌

〔ヒナタイノコズチ〕

・ヒユ科
・イノコズチ属

近未来の予測はできます。

ヒカゲイノコヅチに比べると全体にガッシリと大きい。茎も太く、葉も厚く大きく、花序もしっかりとしていてなおかつ密です。

日向と冠せられるごとく、この場所は休耕畑地。晩秋から冬にかけて毎年綺麗に草刈りをしていても、春夏秋には何十種類もの野草がひしめき合います。手を加えないでいると野草の種類がどんどん少なくなっていくのは、その場で強いものだけが勝つから。

百年、二百年放置の状態を観察することはできませんが、簡単な予測はできます。五十年放置すればこの場所は笹か、篠に占領され、何十種類もの野草は姿を消します。利尿、浄血、関節炎などに薬効のある、このヒナタイノコヅチも消えていくものの一つです。

花期：8～9月
撮影：9月6日
分布：本州、四国、九州
草丈：～150cm
多年草

犬蓼〔イヌタデ〕・大犬蓼〔オオイヌタデ〕

・イヌタデ属

一つひとつの花が美しい。

葉に辛味がないから役に立たない、と言うことでイヌ。「タデ食う虫も好き好き」の言葉で有名なヤナギタデは薬味に使われ、栽培もされています。そのヤナギタデと比較して役に立たないと言う意味です。

休耕畑地や休耕水田など、どこにでも生えてきますが、花が開きだすとイヌをつけるのは申し訳ないほど美しい。それに犬蓼、大犬蓼共に薬効を有し、人間は様々な恩恵を受けてきました。

腹痛の時、腫れ物がある時、皮膚疾患がある時、適宜処方することで、効果があると言われています。

犬蓼の一番美しい瞬間は、朝露をまとった花に朝日が宿る時です。

花期：6～10月
撮影：9月7日
分布：全国
草丈：20～50cm（犬蓼）
　　　～200cm（大犬蓼）
1年草。葉は互生。

紫蘇葉立浪

〔シソバタツナミ〕

・シソ科
・タツナミソウ属

ぎりぎりセーフ。

完全に開花の時期を逃してしまったと思っていましたが、奇跡的に一輪だけ咲いてくれました。開花後しばらく様子を見に出かけましたが、結局最後の一輪だったようです。

小さな野草ですから、群生状態で一気に花を咲かせてくれなければ、見過ごし易いのは致し方ありません。咲いていると分かっていても、次に行った時には探すまでに少し戸惑うのですから。

オカタツナミソウからそう遠くない、林内の少々湿ったところに咲いていました。たぶん来年は開花の時期を逃すことはないでしょう。

花期：5～7月
撮影：9月7日
分布：本州、四国、九州
草丈：～15cm
多年草

・ハッカ属

野の薄荷をその場で楽しむ。

ハッカ油を抽出して商売にしようと思ったら大変ですが、野山で見かけて、葉を一枚取って、手揉みして目の下に軽く擦りつけるだけで、とても爽やかな体験ができます。一株あると何人もの人が爽やかな体験をすることができます。

メントールと言う物質を多量に含み、爽やかな香りをはじめ、健胃、鎮痛に効果があることもよく知られています。

世界中で栽培されていますが、ほとんどが品種改良されているものです。

花期：8～10月
撮影：9月7日
分布：北海道、本州、四国、九州
草丈：～60cm
多年草

姫紫蘇

〔ヒメジソ〕

・シソ科
・イヌコウジュ属

共通項と個性は、視点の置き所から。

道端や山林の縁など、見えやすいところでよく見かけます。この写真の個体は休耕田の縁に生えていたもので、近くにはコシロネ、ハッカなどがあり、半ば混生しているところもありました。全てシソ科の野草です。

科目を同じくするとは、共通性があると言うこと、そして属を異にすると言うことは違いがあること。当たり前のようですが、これはとても重要な事で、より共通項を大きくし、遡ると言うことは、根源に近づくこと。これは法則の流れを見ることにもつながります。

人間社会のあり方も、この法則を手本に様々な統治形態が試されているように感じることもあります。

花期：9～10月
撮影：9月7日
分布：日本全土
草丈：～60cm
多年草

秋の野芥子

［アキノノゲシ］

・アキノノゲシ属

それぞれの感じ方で、良し。

花の色は、ある人は薄い黄色と表現し、別の人は白地に薄い黄色が入った色、と表現します。さて、どちらの表現が皆様の感覚には合っているのでしょうか？

この写真は、自分が感じている色が出てくるまで、何度も撮り直しました。白地にほんのり薄い黄色が入った色に見えますでしょうか。

たくさんの花芽をつけ、次々と花を咲かせますが、一つ一つの花はそう長くは咲いていません。そんなこともあり、どの花を、どの部分を、どの角度から撮影するかなど、意外に撮影条件の制約が多いワンショットでした。

しかし、秋の野芥子はのどかです。

花期：８～１月
撮影：９月８日
分布：日本全土
草丈：～200cm
１～２年草

子白根〔コシロネ〕

・シソ科
・シロネ属

法則を共有しながらも、全てが違う。

直立した茎に葉が対生で付き、九〇度づつ向きを変えながら等間隔で茎の上まで葉が並んでいます。真上から見るとちょうど十文字の形。この形態はヒメシロネ（後出）と同じですが、どこか姫白根ほどのシャープさがありません。よく見ると葉の形と花序の雰囲気が違います。同じ基本形とはいえ、これだけの差で、全体から受ける印象が随分変わります。

自然は比べることを前提に作られているとは思いませんが、必ず他とは違うことを前提にしています。これこそ神の計らいかも知れません。人は、比較されて傷つくことがありますが、違うのが当たり前。神の計らいなのですから。

花期：8～10月
撮影：9月8日
分布：北海道、本州、四国、九州
草丈：～60cm
多年草

高三郎（タカサブロウ）

・タカサブロウ属

名付け親が高三郎と言うことも…。

水田わきの水路と言った、少し湿ったところに好んで生育する野草。そう果は熟すとボロボロとこぼれるそうですから、水が流れているところが近くにあれば好都合なのでしょう。上手い具合に生育場所を選んでいます。

ところで、この高三郎と言う名前。その由来を調べてみたのですが、一向にこれという説に出会いません。詳細不明が結論です。しかし、人名から野草の名前としたことは多分間違いないでしょう。

花期：８～９月
撮影：９月８日
分布：本州、四国、九州、沖縄
草丈：～70cm
１年草

田村草［タムラソウ］

・キク科
・タムラソウ属

場所か？　発見した人か？

一般に、タムラソウは草原などに生えていると解説されることが多いですが、この写真の場所は、小川沿いの樹林下、日当たりが良いとは言えません。ただ、この場所の少し前までの条件と比較したら、格段によくなっていることは事実です（調査フィールド３の解説、及びB・Aを参照）。

二株ほど見つけましたが、その時には花の盛りを過ぎてしまっていたようです。開花前の花芽もつけていましたので、楽しみにしていたのですが、大雨で川が増水し、林床が洗われた時に二株とも倒伏し、ダメージを受けて、その年のタムラソウは終わりました。

アザミに似た花を咲かせますが、トゲはありません。名前の由来は不明。

花期：8～10月
撮影：9月8日
分布：本州、四国、九州
草丈：～150cm
多年草

・シロネ属

全草薬草のスマートな野草。

湿地に生えるシソ科の多年草。直立した茎に細身の葉が対生し、等間隔で茎上に重ならないように葉を付けていく姿は、ある種のデザイン性を感じます。この姫白根が狭い範囲にビッシリと群生しています。統一性とゆらぎ、そして繰り返し、まさに心地良いデザインのエッセンスを見せられるようです。

実は、この野草は全草が薬草で、サポニンをはじめ様々な成分が確認され、月経や産後の不具合に、また、中国では蛇咬傷、打撲傷に効果があるとして使われてきました。

この群生場所、まさにちょうどこの場所は、七年前までは、藪の極限状態でした（フィールド１）。

花期：8 ～ 10 月
撮影：9 月 8 日
分布：北海道、本州、四国、九州
草丈：～ 70cm
多年草

紫詰草

〔ムラサキツメクサ〕

・マメ科
・シャジクソウ属

ちょっと尖ったイメージ。

紫詰草は明治期に牧草として輸入されたと言うことですから、シロツメグサよりは少し遅れて日本に入ってきたことになります。花の色が違うだけでなく、葉の形も違い、「幸福をもたらす四つの葉」のイメージには少し違和感があります。やはりこの言葉に合うのはシロツメグサの葉でなければなりません。

初期の目的の如く、紫詰草には牧草として活躍していただくのが一番でしょう。薬理効果もあり、咳止めや去痰、民間薬ではマラリア、百日咳、気管支炎の治療にも用いられているそうです。

花期：5〜9月
撮影：9月8日
分布：ヨーロッパ原産
草丈：〜60cm
多年草

雌日芝（メヒシバ）

・メヒシバ属

資源は、人間の創造から作られる。

オヒシバに比べて、柔らかく優しい雰囲気があるのでメヒシバ。

畑や空き地の、いわゆる雑草としては最もよく見られるものです。一年草ですが、数も圧倒的に多く、こぼす種子の数も半端では無いのでしょう。さらに、種子発芽の不斉一性と言う性質があり、種としての継続的生存戦略を有しているようです。

確かに、雑草としてだけ見れば手強い相手の一つなのでしょう。しかし、この生命力をなんとか資源にできないものだろうか。

資源とは、利用できたときにはじめて生まれるもの。利用方法には、まだまだ創造の余地があるように思われます。

花期：7～11月
撮影：9月8日
分布：北海道、本州、四国、九州
草丈：～90cm
1年草

芒〔ススキ〕

・イネ科
・ススキ属

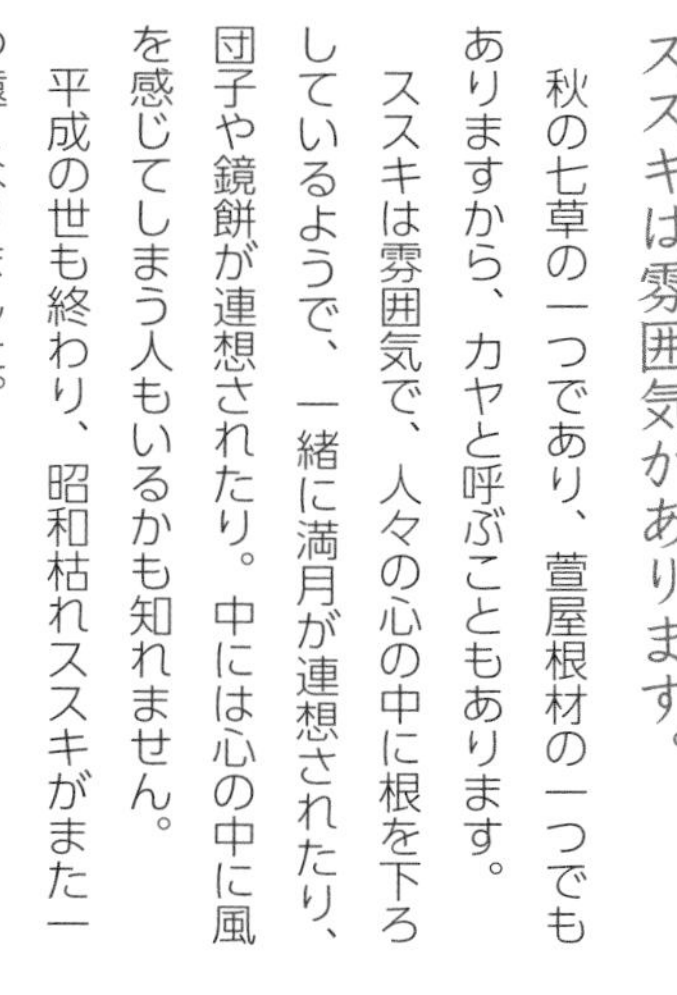

ススキは雰囲気があります。

秋の七草の一つであり、萱屋根材の一つでもありますから、カヤと呼ぶこともあります。

ススキは雰囲気で、人々の心の中に根を下ろしているようで、一緒に満月が連想されたり、団子や鏡餅が連想されたり。中には心の中に風を感じてしまう人もいるかも知れません。

平成の世も終わり、昭和枯れススキがまた一つ遠くなりました。

花期：8～10月
撮影：9月9日
分布：日本全土
草丈：～200cm
多年草

白山菊

・シオン属

歯っ欠けでは、ちょっとひどい？

シラヤマギクの特徴は、と問われれば、まず花びらの付き方でしょうか。気ままについております。「歯っ欠け」と表現する方もいます。

次に、下と上の葉では全然形が違うこと。この上下の違いは他の野草でも見ることができますが、シラヤマギクの特徴の一つでもあります。

そしてヨメナに対してムコナと言われ山菜になること。大きなものだと背丈近くになり、分枝した枝から沢山の花を咲かせます。

花期：8 ～ 10 月
撮影：9 月 10 日
分布：北海道、本州、四国、九州
草丈：～ 150cm
多年草

蔓竜胆

〔ツルリンドウ〕

・リンドウ科
・ツルリンドウ属

つる性のリンドウだから。

数少ない常緑の山野草です。ツルリンドウを最初に覚えたのは、真冬でも青々とした葉を見たからです。こんな寒い季節に一体なんだろうと調べたのがキッカケでした。

それ以来、気にかけている野草なのですが、花が咲くもの楽しみの一つです。絡まる対象があれば絡みつき、なければ地べたを這って成長する。咲いた花はまさにリンドウで、五十%の縮小版というところです。

この野草、薬草でもあります。咳止め、駆虫、リウマチの痛み止めなど、様々な効果がるようですが、素人処方はやめた方が無難ということです。

花期：8～10月
撮影：9月10日
分布：北海道、本州、四国、九州
多年草。つる性。

猫萩

・ハギ属

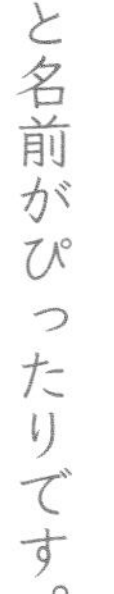

イメージと名前がぴったりです。

同じマメ科のイヌハギに対してネコハギと付けられたようです。イヌハギは丈百（チセン）を超える半低木。ネコハギは地を這うような小さな野草です。

茎や葉、全体に極薄い茶色の毛が生えています。花の形はまさに猫と言っても全く違和感のない愛嬌です。小さくて、目があって、そしてこの写真のように傾いでいたら尚更です。

葉はどこか猫の足を思わせる、小さくて丸い形。

猫萩、とはぴったりの名前です。

花期：7～9月
撮影：9月10日
分布：本州、四国、九州
多年草

花蓼〔ハナタデ〕

・タデ科
・イヌタデ属

視点の移動が自然を楽しくする。

近くに寄ってよく見ないと気付かないかもしれませんが、タデ科の花には綺麗なものがあります。

花タデと言われるごとく、この写真のタデも美しいと思いませんか？　この美しさは遠くから眺めるだけでは、なかなか気づけません。

視点の移動が、自然を楽しむ一つの方法です。もちろん、心の視点の移動が伴うとさらに楽しくなります。

花期：8～10月
撮影：9月10日
分布：日本全土
草丈：～60cm
1年草

父子草〔チチコグサ〕

・ハハコグサ属

目立つ必要がないのです。

名前の由来は、母子草に対しての命名。

派手さを感じさせる野草ではありませんが、大きくなるものでもなく、生え方もそれほど邪魔になるようなものではありません。むしろ栽培や利用を積極的に考えたい部類です。

父小草の全草は薬草として生かすことができ、解熱、利尿、感冒、白帯などに有効と言われています。また、この目立たなさは、山野草ガーデン作りに効果を発揮するのではないでしょうか。メインテーマを引き立てる前提条件作りにはぴったりのように思います。

父は目立たずとも、良し。

花期：5～10月
撮影：9月11日
分布：日本全土
草丈：～30cm
多年草

筮萩〔メドハギ〕

・マメ科
・ハギ属

実用とは、そういうもの。

卦を立てて吉凶を占う時の五十本の棒は、筮竹(ぜいちく)と言われ竹で出来ています。しかし、竹の前は筮萩が使われていたと言います。筮は「めどき」とも読み、ここからメドハギの名が付きました。

そんな経緯を知ると、なぜ筮竹に筮萩の茎が選ばれたのか、俄然知りたくなります。調べてみると、落胆。どうも長さと太さが占い棒にはちょうど良かったから、という程度の解説しかありませんでした。確かに、メドハギの茎であれば、籤(ひご)にする手間が省けます。

花期：8～10月
撮影：9月13日
分布：日本全土
草丈：～100cm
多年草

丁子蓼（チョウジタデ）

・チョウジタデ属

開花のタイミングを逃しました。

全体が蓼に似ている。花が丁子に似ている。そこから丁子蓼。

葉腋から花柄が何本も伸び、その形が内視鏡の先端に似ています。黄色い蕾が開花直前まで来た時、ちょうどその頃、雨が続き、様子を見に行かなかった四日間の間に、花は開き切り、散ってしまいました。

それから三日後、結実した実も散り、残るのは内視鏡の先端だけ。赤く染った管が何本も上を向いていました。

花期：8～10月
撮影：9月14日
分布：日本全土
草丈：～70cm
1年草

捻花〔ネジバナ〕

・ラン科
・ネジバナ属

強いのにデリケート、らしいです。

花序が捻れているからネジバナ。別名のモジズリも捻れ模様の絹織物のことですから、名前の由来としてはほぼ同じ。

この捻れ方が、右巻きだったり、左巻きだったりで一定の決まりはないようです。ちょうど写真のカップルは左右巻き同士。中には右巻きだったものが途中から左巻きになるものもあるそうです。

ネジバナは共生菌との関係を保つことで生育しており、その関係を壊すと姿を消してしまうと言われています。よって、移植したり、長期にわたって栽培することが難しいそうです。

花期：５～９月
撮影：９月14日
分布：日本全土

野刈安〔ノガリヤス〕

・ノガリヤス属

自然の色は、不自然にはならない。

染料植物のカリヤスに似ていて野に生えるからノガリヤス。別名は西塔茅、サイトウガヤ。比叡山の西塔付近で最初に採集されたからだと言います。

小さなかたまりとなって生えているところを見かけますが、穂の印象がはっきりしています。近くに寄ってよく見ると、淡い緑色にほんの少し赤紫色が付いています。改めて観察しなければ気づかなかったこと。自然は色使いのテクニシャンだと、またまた思わされました。決して不自然な色にはならないのです。色もまた、命の表現なのだと思います。

花期：8～10月
撮影：9月14日
分布：北海道、本州、四国、九州
草丈：～150cm
多年草

薬師草

［ヤクシソウ］

・キク科
・オニタビラコ属

薬師堂の近くで発見されたから？

名前の由来については諸説ありますが、ここでは根生葉が薬師如来の光背に似ているから、と言う説をとりたいと思います。

明るい雑木林の中を好むらしく、林内には数多くのヤクシソウが生えています。

七月初旬、地上に姿を表し、大小アクセントのついた葉を、独特の形で茎に巻き付けています。

九月初旬、沢山の花芽が出てきて、開花への期待をそそります。それから十日後、ポツポツと花が咲き始め、九月の終わりの頃には、これでもか！　というくらいの数の花を咲かせていました。

薬草のヤクシソウという説もあることを、最後にお伝えしておきます。

花期：8 〜 11 月
撮影：9 月 14 日
分布：北海道、本州、四国、九州
2 年草

畔菜（アゼナ）

・アゼナ属

目線が生む世界がある。

田んぼの土手は、草刈りが頻繁にされるところであり、極低層空間を占める野草がよく見られます。草刈り回数が多いところほど、野草はダウンサイジングしており、このアゼナも、よく気をつけて見なければ見過ごしてしまうサイズです。

写真のアゼナは高さが十^(チセン)^くらい。必然、写真を撮ろうと思えば、匍匐前進の体勢を取らざるを得ません。その態勢をとって野草に目線を合わせ、カメラを覗いた瞬間、いつの間にか自分が野草の目線で世界を見ることになります。それがごく自然にそうなるのですから、目線を合わせるとはなんと意味の深いことでしょう。

花期：8～10月
撮影：9月15日
分布：本州、四国、九州
草丈：～15cm
1年草

野大角豆〔ノササゲ〕

・マメ科
・ノササゲ属

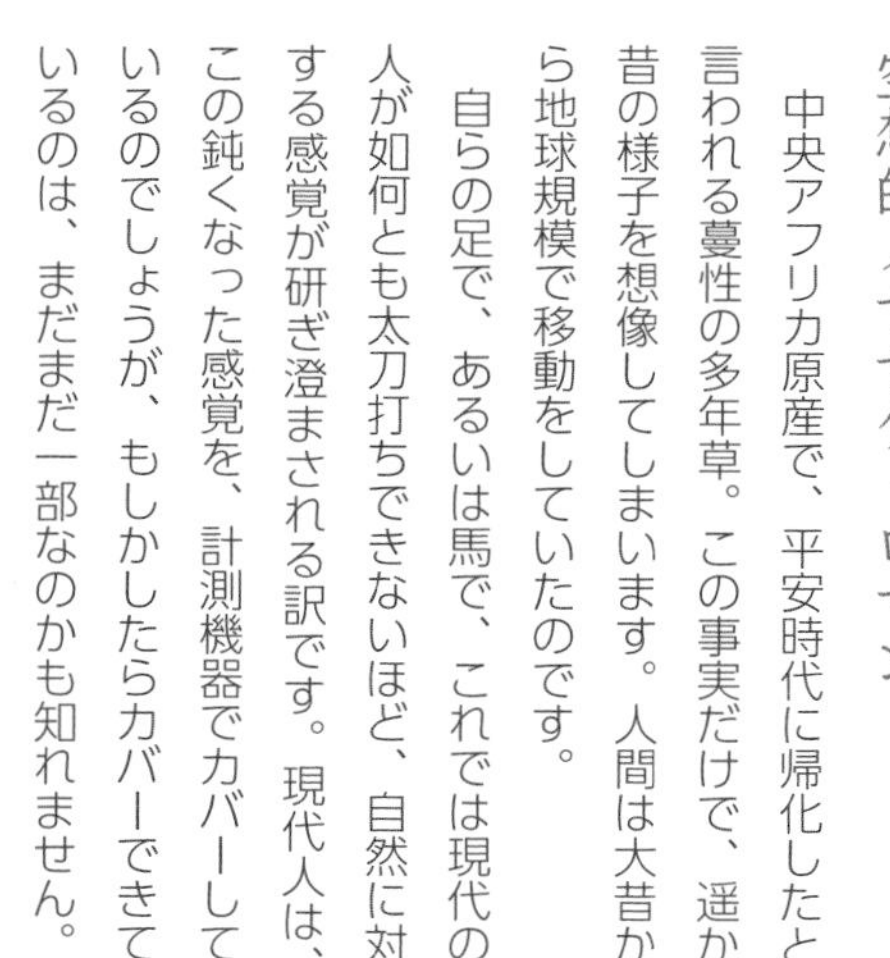

空想的ノササゲ・ロマン。

中央アフリカ原産で、平安時代に帰化したと言われる蔓性の多年草。この事実だけで、遥か昔の様子を想像してしまいます。人間は大昔から地球規模で移動をしていたのです。

自らの足で、あるいは馬で、これでは現代の人が如何とも太刀打ちできないほど、自然に対する感覚が研ぎ澄まされる訳です。現代人は、この鈍くなった感覚を、計測機器でカバーしているのでしょうが、もしかしたらカバーできているのは、まだまだ一部なのかも知れません。

研ぎ澄まされた感覚は、素粒子以前のレベルを捉えている可能性だって、否定できないではないですか。

以上、空想的ノササゲ・ロマンでした。

花期：8〜9月
撮影：9月15日
分布：本州、四国、九州
多年草。つる性。

蔓穂〔ツルボ〕

・ツルボ属

見えるとは、自分の世界でしかない。

ツルボ、語源は不明。別名は参内傘（サンダイガサ）。庶民の世界では馴染みのない柄の長い傘のこと。お付き人が主にさす傘のことで、それを折り畳んだ時の様子に似ているというのが別名の由来。

そう言うものか、と語源については既に意識の外。それよりもこの花の色の出方にしばし息を飲む。本当に色が違うのか、見え方が違うのか、日当たりの良いところで見たツルボとは、別世界の雰囲気。川沿いの樹林下に、たった一輪咲いていたものです。

見えるとは、見られるものと、見る側と、その場の条件を掛け合わせた結果のこと、究極、自分の世界でしかない。

花期：8～9月
撮影：9月16日
分布：日本全土
草丈：～40cm
多年草

四葉萩
〔ヨツバハギ〕

・マメ科
・ソラマメ属

なぜ四つ葉萩なのか？？？

既知のものにナンテンハギがあり、それを前提にこの野草に出会った時、「あれっ？」どこが違うのだろう…、と違和感を感じたところから、調べがついたヨツバハギ。

手持ちの図鑑では、『原色牧野植物大図鑑』（北隆館）と『原色日本植物図鑑』（保育社）に掲載されていたのみ。数が少ないのでしょうか？

このヨツバハギは河岸にたった一本確認したのみですが、本当に孤高の存在だったのか、それとも他の個体を見過ごしてしまっていたのか…。多年草です。来年また無事にお目にかかれるのでしょうか。

偶数羽状複葉、まさに羽です。飛行機が離陸するところの姿です。

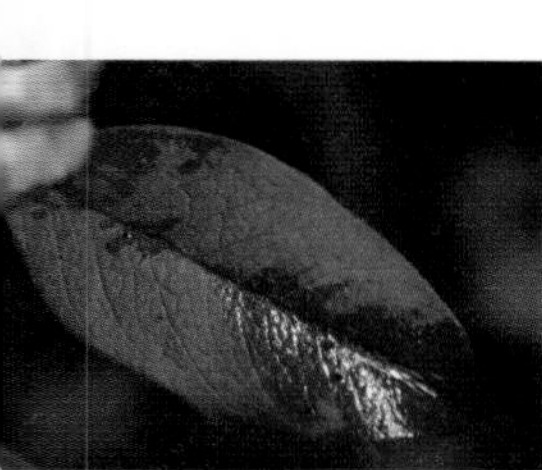

花期：7～10月
撮影：9月16日
分布：北海道、本州、四国、九州
草丈：～80cm
多年草。偶数羽状複葉。

蓬（ヨモギ）

・ヨモギ属

なぜモグサの熱が効くのか。

モグサ、あるいは草餅でよく知られているヨモギは、利用途の多い野草です。

生薬として使えば止血、若葉を乾燥させたものを煮出して摂取すれば、健胃、腹痛、下痢や冷え性に良いとされ、お風呂に入れて使えば、腰痛や痔に効果があると言われ、煮出す過程の水蒸気は風邪や肺炎に良いと言われています。

不思議です。熱の意味は温度だけでなく、何が発熱したかも重要なこと。水蒸気の意味は、何と触れた蒸気かが意味を持ちます。計測できない世界の意味を、人間は体を通して理解しています。この理解力は昔の人の方が遥かに優れていたのではないかと思います。

花期：9～10月
撮影：9月17日
分布：本州、四国、九州、沖縄、小笠原
草丈：～120cm
多年草

秋の鰻掴み

〔アキノウナギツカミ〕

・タデ科
・イヌタデ属

雰囲気と空気感を味わう、日本の朝。

本当はもう少し花柄が伸びてから撮影した方が、この植物のシルエットらしいのですが、花が咲き出して朝露がついているこの瞬間の写真にどうしても拘ってしまいました。

野草と朝露、これほど心地よい自然の姿もなかなかありません。派手な見栄えよりも、この雰囲気と空気感が本当に心地よいのが、日本の朝です。この朝を味わい、楽しむ豊かさをもう一度復活させたい。日本の本当の豊かさはどこにあるのか、を教えてくれます。

アキノウナギツカミ、変わった名前ですが、この辺の洒落っ気は、野草の名前にはよくあることです。

花期：6～9月
撮影：9月18日
分布：北海道、本州、四国、九州
草丈：～100cm
1年草

疣草（イボクサ）

・イボクサ属

イボクサの出番は、まだですか？

湿地に生える野草。この辺りで言う、いわゆる田の草の一つです。小さな野草ですが、全体のシルエットから感じる印象は、水分豊かな肉厚感。

葉は、茎を抱き込むようについています。細身のみずみずしい葉です。この葉の汁をつけるとイボが取れるということからイボクサ。試したことはありませんが、その通りなら医薬部外品の化粧品にも使えそうです。

長年生きてくると余計なものがついてきたり、出てきたり。少しづつイボクサの出番が増えていくのも、自然の摂理、と言って良いものかどうか…。

花期：8～10月
撮影：9月18日
分布：本州、四国、九州、沖縄
草丈：20～30cm
1年草

女郎花

〔オミナエシ〕

・スイカズラ科
・オミナエシ属

食べたら力が出るかも、鬼退治。

秋の七草の一つ、オミナエシ。全国的に数が少なくなっているとのことで、今回の調査でも、目にすることができたのは四株だけ。

オトコエシに比べ、全体にひとまわり小さな野草です。色は、茹で卵の黄身を造形したように、茎も花も真っ黄色。黄色い花は沢山あっても、この感じは珍しい。

そう言えば、こちらも秋の七草の一つですが、フジバカマも数が少なくなっているとか。確かに、今回は一株も目にすることがありませんでした。

秋の七草と言われ、昔から日本の代表的な野草と数えられてきたものが姿を消しつつある。この事実を、日本の先人たちは草葉の陰から憂えているに違いない。

花期：8～10月
撮影：9月18日
分布：日本全土
草丈：～1m
多年草

谷蕎麦（タニソバ）

・イヌタデ属

まずは、人間の意識が向くこと。

開花する直前かと思いつつ、しばらく観察に通ったのですが、この状態で開花のようです。

ミゾソバに比べると地味な印象ですが、花序がグレー調からほんの少し紅紫色を帯びてきたとき、葉の深緑色との調和は何とも清々しく、この場面で息を吸うごとに胸の中がきれいに洗われるように感じました。

この感覚が本当に自らの身体浄化につながっているとしたら、自然を楽しむとは、森林浴とは、命あるもの同士のコミュニケーション作用のことで、その扉を開くのが、人間の意識、ということなのでしょう。

花期：8～10月
撮影：9月18日
分布：北海道、本州、四国、九州
草丈：40cm

壺草

〔ツボクサ〕

・セリ科
・ツボクサ属

二十一世紀に遺すべき植物（WHO）

田んぼの土手や道端にごく普通に生えていますが、雑草と呼ぶなかれ。WHOが「二十一世紀に遺すべき植物」としてこのツボクサをあげています。

様々な効果があり、殊に肌に関する化粧品の約四百五十種類に取り入れられているとか。また、漢方では、類似補類という考え方があり、この葉の形は左右の大脳に似ています。そこから、記憶力や認知機能に効果があると考えられています。その他効能を書き出したらここには書ききれないほど。

茎の根本にそっと花を咲かせます。

花期：5〜9月
撮影：9月18日
分布：本州、四国、九州、沖縄
多年草

姫くぐ〔ヒメクグ〕

・カヤツリグサ属

姓は姫、名はクグ。

イヌクグ、あるいはクグと呼ばれるカヤツリグサ科の野草がありますが、こちらは丈が一メートル近くなり、関東地方以西で暖かいところに生育します。それに比べると大きさは１／３、ということで姫クグ。

ところで、姫をつけると、小さいあるいは女性と言う意味合いになりますが、もともとの「姫」は、高貴な身分の人の息女のこと、漢文化においては、黄帝と周王の姓を意味したのが始まりとか。

どうです、そんな目で見るとこの姫クグ、見え方が変わってきませんか。たとえ変わらなくとも、名前だけは覚えていただけましたでしょうか。

花期：７～10月
撮影：９月18日
分布：日本全土
草丈：～20cm
多年草

溝蕎麦〔ミゾソバ〕

・タデ科
・イヌタデ属

飽きがこない、と言う真理。

ミゾソバの名前の由来は、溝に生える蕎麦に似た草という意から。別名ウシノヒタイは、葉の形が牛の額（顔）に似ているから。いずれにしても類似性からのもので、深い意味はなさそうです。

それよりも、やはりこの野草も綺麗な色の花を咲かせます。一つ一つは米粒ほどの大きさですが、少し透明感のある白地に先端が薄い赤紫色のメッシュ。この色の組み合わせを表現する花のシルエットがシャープでないところがまた好感の持てるところ。

いったい誰がデザインしたのだろう。自然のものはどれだけ時間が経っても飽きるということがない。これが命の源から直接出てきた姿形の美しさです。

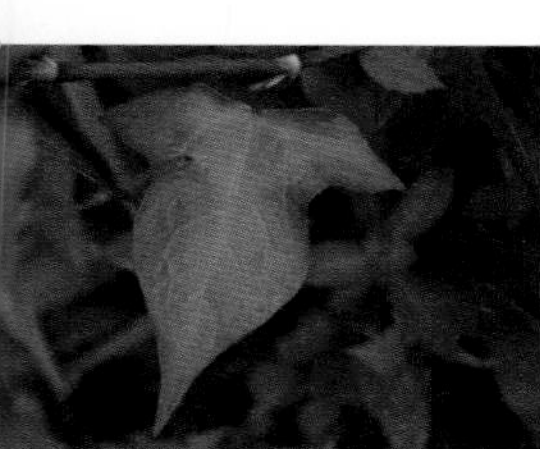

花期：7 〜 10 月
撮影：9 月 18 日
分布：北海道、本州、四国、九州
草丈〜 100cm
1 年草。葉は互生。

柳蓼［ヤナギタデ］

・イヌタデ属

人間の意識は、大小自由自在。

葉の形がヤナギに似ているところからの名称らしいですが、花穂の垂れ具合もシダレヤナギに似ています。また、水辺を好むという性質も似ています。

このヤナギタデ、実は他にも私たちに馴染みの深い言葉の元になっています。「蓼食う虫も好き好き」という言葉です。

葉に辛味があり、タデ酢を作るのに栽培もされています。

タデのように小さな花を咲かせるものは、その大きさに自分の意識を合わせることで、初めて美しさに気付くことができます。人間の意識は、拡大縮小如何様にでも対応できます。自然には無限種類の大きさがあります。

花期：7 〜 10 月
撮影：9 月 18 日
分布：日本全土
草丈：30 〜 60cm
1 年草

茜
〔アカネ〕

・アカネ科
・アカネ属

茜色は、茜からはじまった。

茜という名前、皆様は何で親しみがありますか。女性の名前、色の名称、それとも野草の名前で？

実は、この植物の根から抽出された染料で染めるのが茜染と言われているものです。遥か古代から染料として使われてきましたが、大変に手間のかかる手法であるため、現在では秋田県の鹿角市に伝わるだけだそうです。

赤紫色の茜色は、日本人の感性にも違和感なく響いたようで、女性の名前としても好まれています。さらに根は、利尿作用や止血など、薬用としても用いられています。

この野草、最近はあまり見かけなくなったと聞くことがありますが、実際にはどうなのでしょうか。

花期：8～10月
撮影：9月21日
分布：本州、四国、九州
多年草。つる性。葉は4輪生。

烏の胡麻
〔カラスノゴマ〕

・カラスノゴマ属

時には洒落調で。

種子をカラスが食べるゴマに喩えたことからの命名。少し無理があるように思えますが、この程度は許容範囲。それより「胡麻の油と百姓は絞れば絞るほど出る」と言った江戸時代の勘定奉行がいるとか、ここまでくると言語道断。

野草の命名は時に洒落っ気の塊です。そんな遊び心も楽しいものです。「黒いカラスよ、お前の今年の胡麻の出来はどうかね、台風の被害には遭わなかったかね」と、おふざけの記事が一つぐらいあってもいい。これも、洒落です。

茎の繊維を麻の代用として利用したことがあるそうです。これは、特記事項です。

花期：8～9月
撮影：9月21日
分布：本州、四国、九州
草丈：30～90cm
1年草。葉は互生。

蔓人参〔ツルニンジン〕

・キキョウ科
・ツルニンジンゾク属

故意に間違えないように。

間違っても褒められたことではありませんが、悪いことをするにも知識が必要です。朝鮮人参の偽物として出回ったこともあるそうです。蔓性で根が朝鮮人参に似ているところからの命名。

偽物にしたのは人間の仕業ですが、当の蔓人参にしてみれば預かり知らぬところ。形態類似は何らかの共通点を暗示しているもので、実は、ツルニンジンにも薬効があります。成分としてサポニンやイヌリンを含むことが知られており、赤血球・ヘモグロビンの増加、抗疲労、鎮咳、血圧下降、去痰などの効果が報告されているそうです。

蔓人参はあくまで蔓人参ですから、故意に間違えないように。

花期：8～10月
撮影：9月21日
分布：北海道、本州、四国、九州
多年草。つる性。

檸檬荏胡麻〔レモンエゴマ〕

・シソ属

雑草、では括れない世界がある。

エゴマに似ている、全体にレモンの香気がある、と言うことでレモンエゴマ。

外来種のようですが、その渡来は古く、八世紀の中頃と考えられています。

葉は精油を含み、水蒸気蒸留によって抽出され、レモン油と称され利用されています。また、殺菌作用などの薬理効果もあり、インキンやタムシなどに効果があるようです。

道端に何気なく生えている、いわゆる雑草と一括りにされているものですが、一つひとつ改めて調べていくと、一括りにすることの味気なさを思い知らされます。雑草という言葉の中には、植物の豊かな世界はありません。

花期：8 ～ 10 月
撮影：9 月 22 日
分布：本州、四国、九州
草丈：～ 70cm
1 年草

悪茄子〔ワルナスビ〕

・ナス科
・ナス属

里山の正義を守るために。

サングラスでもかけてあげたい野草です。トゲがあり、毒があり、どこか悪っぽい、まさに名前の通りの雰囲気。

北アメリカ原産で、日本で一番最初に確認されたのが明治時代、場所は千葉県の三里塚とのこと。それから日本全国に広がり、悪さをしているようです。鋭いトゲがあるため、牧草地に入ると家畜が怪我をする、てんとう虫の温床となるため周辺の作物の虫害被害の拠点になる等。

悪は反面教師の役割をすることはあっても、決して積極的な善にはなり得ない。里山の正義は人間が守るしかないのです。

花期：8～9月
撮影：9月22日
分布：アメリカ原産
草丈：～100cm
多年草

秋の麒麟草

［アキノキリンソウ］

・アキノキリンソウ属

なぜ、数が少なくなるのでしょう？

この時期、里山で黄色い花を咲かせているのがヤクシソウとアキノキリンソウ。ヤクシソウはかなり数も多いのですが、アキノキリンソウはこの写真の個体も含めて、今回の調査対象区域で確認したのは三株だけ。

市販の解説書をみると、昔はごく普通にみられたが最近はめっきり数が少なくなったとあります。これは何を意味するのでしょう。素人が見ても、今の日本の里山の荒れ具合から判断したら、さもありなん、です。

まずは日当たりを好む野草から姿を消していくことでしょう。なにせ荒れた里山では、樹木の密生と林床の熊笹の密生で、昼間でも暗いのですから…。

花期：8～11月
撮影：9月23日
分布：本州、四国、九州
草丈：～80cm
多年草

畔萱

〔アゼガヤ〕

・イネ科
・アゼガヤ属

神頼みでも、良いものは良い。

イネ科やカヤツリグサ科は判別が難しく、素人には厳しい分野です。

その中にあって、このアゼガヤは赤紫色の穂が目立つので、何とか「それに違いない」と分かるのではないでしょうか。

さて、この野草をどう引き立てるか、企画ごとのように自分に課題を設定してみました。ここに生えている状態で引きたてるには水滴しかないでしょう。ということで、雨上がりを待ち、撮影に出かけました。

野草と朝露、水滴、この組み合わせはほぼどんな時にでも新鮮な命の発露を感じさせてくれます。山野草紹介、困った時の神頼みのようなものです。

花期：8～10月
撮影：9月23日
分布：本州、四国、九州
草丈：～70cm
1年草

亜米利加栴檀草

アメリカセンダングサ

・センダングサ属

つきまとわないで欲しい。

ひっつき草の筆頭、アメリカセンダングサ。花が終わり、子孫拡散のために、様々な野草が様々な戦略をとっていますが、これが服につくと厄介。一つ付いたつもりでも、炸裂爆弾のように、実際には大変な数がついています。イライラしながら服から取り除いた経験をお持ちの方も多いことでしょう。

そのような訳で、放っておくとあまりにも数が増えてしまいます。生産調整をするターゲットの筆頭でもあります。

大きなものは人の背丈くらいになり、晩秋の草刈りの時には、本当に嫌らしい存在です。何か利用途はないものだろうか、それによってまたイメージはすぐに変わります。

花期：9～10月
撮影：9月23日
分布：北アメリカ原産
草丈：～150cm
1年草

白の栴檀草〔シロノセンダングサ〕・小栴檀草〔コセンダングサ〕

・キク科
・センダングサ属

センダングサ

触れないように、注意しています。

原産地がどこかはっきりせず。明治時代は近畿地方を中心に生育していたそうですが、今日では、日本の相当広い範囲にわたってごく当たり前に見ることができます。むしろ数が多すぎるくらいです。

ひっつき種子の代表格ですから、今までは花が咲く前に草刈りをするようにしていました。お陰で、白い花びらがあるタイプを見ることがありませんでした。もしかしたら記憶になかっただけかもしれませんが、こちらはシロノセンダングサと呼んで区別しているようです。いずれにしても花が終ってくっつかれると面倒なので、注意して触れないようにしています。私ごとでした。

ダングサ

花期：8～11月
撮影：9月23日
分布：本州、四国、九州
草丈：～100cm
1年草

小葉鴎蔓（コバノカモメヅル）

・カモメヅル属

さて、何に見えますか？

唐辛子を五つプロペラ状につなげたものとも言えるし、ヒトデを縮小して蔓にぶら下げたとも言えそうな花の形ですが、命名者は鴎の羽に見立てたのでしょう。

この野草などは、遠くから眺めても面白さはありません。自分を近づけて、どんどんズームアップしていくと、突然、世界が変わり、空想が湧いてきます。空想的社会主義ならず、空想的野草観察のすすめです。「学問のすすめ」とまでは行きませんが、こういう自然のものを題材に、子供たちにストーリーを考えさせる、という授業があっても面白いと思いませんか。ほんとうは、大人だって空想が湧くくらいの感性を持ち続けたいところ。

柔軟な思考は、折れにくい。

花期：7～8月
撮影：9月23日
分布：関東、中部、近畿
蔓性多年草

小鮒草〔コブナグサ〕

・イネ科
・イタチガヤ属

暮らしの原点は、どこにある？

葉の形を鮒に見立てたことによる命名。別名はカリヤス。個人的にはこちらの名前の由来に関心があります。八丈島では「刈安」と呼んで、黄八丈の染料に使っているそうです。

田の畔や用水路土手にごく普通に生えている野草ですが、特段目を引く花を咲かせるわけでもないので、正直、今までは名前を調べようという気もありませんでした。

しかし、こうして改めて調べてみると植物とは本当に様々な用途で、人間の暮らしの中に生かされています。暮らしの原点は、やはり自然と向き合うことから作られてきたのだと、改めて思います。

花期：9～11月
撮影：9月23日
分布：北海道、本州、四国、九州
草丈：～50cm
1年草

白嫁菜

【シロヨメナ】

・シオン属

植物は、光を使うエキスパート。

シロヨメナと木漏れ日の写真です。シロヨメナはこの環境が好きなのだと思います。開けた場所で見た記憶がありません。

個体数も多く、何箇所かで小群落を作っていますが、皆同じ環境、木漏れ日が満ちる環境です。

ところで「木陰を好む」と表現するのと、「木漏れ日を好む」と表現するのとでは、同じ意味になるでしょうか。ここは少しこだわってみたいところ。樹林下は、確かに開けた場所に比べれば光の絶対量は少ないところ。しかし、その環境を好む山野草といえども、必ず光を求めています。そして現場で感じることは、これは光の量の加減だけではなく、木漏れ日は光の質として何かが変わっている、と言うことです。

花期：8 ～ 11 月
撮影：9 月 23 日
分布：本州、四国、九州
草丈：～ 90cm
多年草

山鳥兜

〔ヤマトリカブト〕

・キンポウゲ科
・トリカブト属

漢方、トリカブト・ロマン。

毒草の代表と言えばトリカブト。矢毒に使われたのもトリカブト。全草に毒が含まれ、特に根の部分は猛毒だそうです。ご記憶の方も多いと思いますが、ひと昔前、トリカブト殺人事件が世の中を騒がせました。

この猛毒草を、漢方では減毒することで薬草として利用することもあるそうですから、長年の間に蓄積された漢方の体系とは恐るべし。分析機器もなかった遥か昔からどうやって毒を薬に変える方法を見つけてきたのでしょう。

古代の人間は、もしかしたら今の人が想像もつかないほど感覚が優れていたのかもしれません。

花期：8～10月
撮影：9月23日
分布：北海道、本州
草丈：～150cm
多年草

矢の根草〔ヤノネグサ〕

・イヌタデ属

これが開花状態なのでしょうか？

名前の由来は、葉の形を矢じりに見立てたことから。確かに、そのように見て見えなくは無いです。

このヤノネグサの花は、これ以上どうにもならないのでしょうか？　いくら待っても開こうとしないのですが、もしかしたら、この状態は花が閉じた後のことで、開いている時期を逃してしまったのでしょうか？　とうとう謎のまま時間が過ぎてしまいました。

これほどたわわに花？　蕾？　果実？　をつけていながら、茎の太さは繊細です。全体のシルエットはこの繊細感が特徴のようです。細くて華奢に見えても、たわむことがない。

花期：9～10月
撮影：9月23日
分布：北海道、本州、四国、九州
草丈：～50cm
1年草

瓜草〔ウリクサ〕

・アゼトウガラシ科
・アザトウガラシ属

植物と動物、命の基本形の違い。

果実の形がマクワウリに似ているのでウリクサと命名されました。

田の畔に小集団を作りながら転々と生えており、踏まれても、刈られてもすぐに復元してしまいます。このあたりの生命のメカニズムは、蜥蜴のしっぽどころの話ではありません。やはり、植物と動物とでは、元々の成り立ちから、生命のメカニズムを異にするのでしょう。

植物は元素や分子など、より小さな次元での取り扱い能力に優れ、動物はもっと大きな次元での運動能力に優れる。ただし、植物の能力に依存しなければ、生命の継続ができないと言う厳然たる制約を持って生まれていることだけは、忘れるべきではないでしょう。

花期：7～10月
撮影：9月24日
分布：日本全国
1年草。ほふく性。

万年青［オモト］

・オモト属

夏の写真

オモトの魔力とは何か…？

古典的園芸植物としてビックリ仰天の野草。オモトの栽培歴史は三百年以上。徳川家康が江戸城に入場するさい、家臣が献上した品の一つでにもあり、家康は大層喜んだと言われています。

大名や豪商の間で人気があり、狂乱的ブームの様相を呈したとかで、三百両、四百両という値が付いた江戸時代、そして明治、大正、昭和と間欠的にブームが到来し、昭和初めの名古屋でのブームは未曾有のものであっと言います。

万年青と言われる如く、一月の写真と九月の写真です。夏期の花を期待していたのですが、開花には至りませんでした。

冬の写真

花期：9月
撮影：9月24日
分布：日本全土
草丈：～50cm
多年草

小塩竈
〔コシオガマ〕

・ハマウツボ科
・コシオガマ属

葉まで美しい、浜で美しい。

半寄生植物の一年草。様々な植物図鑑の解説書を参考にしましたが、手持ちではたった一冊だけ、何の植物に寄生するかが書いてありました。イネ科の植物に寄生するそうです。しかし、この写真のコシオガマが生えていたところにイネ科の植物はあっただろうか…？ すでに確認不能であるため、ご参考程度にということでご了解ください。

名前の由来については、諸説ありましたが、牧野富太郎説が面白いと思いました。花とともに「葉まで美しい」様を、「浜で美しい」塩釜になぞらえて命名されたとか。駄洒落次元ですが、実際に美しいので許容範囲としたいと思います。

花期：9～10月
撮影：9月24日
分布：北海道、本州、四国、九州
草丈：～70cm
半寄生の1年草。葉は対生。

四葉鵯

〔ヨツバヒヨドリ〕

キク科・フジバカマ属

抗腫瘍作用、その機序を研究中。

ヒヨドリと名がつくものは、今回の調査で確認できたのは三種類。皆似たような立ち姿ですが、花の色の違い、そして葉のつき方で見分けます。

ヨツバと名のつく通り、葉が四輪生しているのがヨツバヒヨドリ。

この写真の個体は、孤高の存在で背丈も高く、百七十チセンぐらいはあったと思います。写真を撮るのに脚立を持ち出したぐらいですから。

民間薬としては、解熱や消炎などに使われていますが、ある研究では、抗腫瘍作用が見られ、その機序を調査中とのこと。

花期：8～9月
撮影：9月24日
分布：北海道、本州、四国
草丈：～150cm
多年草

背高泡立ち草

（セイタカアワダチソウ）

・キク科
・アキンキリンソウ属

秋の花粉症には関係ないそうです。

本来、観賞用に栽培されていたものが野生化し、全国に広がったと言います。繁殖力が強く、他の植物を抑制しながら勢力範囲を広げますので、あっという間に大群落を作ります。

いっ時秋の花粉症の大元凶と言われましたが、元来虫媒花であり、関係ないことが明らかになったと言います。

近寄って良く花を見れば、確かに綺麗なのですが、他の植物との兼ね合いで、やはり人間の管理下に置いた方が良い外来種なのではないでしょうか。

花期：9～11月
撮影：9月25日
分布：北アメリカ原産
草丈：～250cm
多年草

大芝〔チカラシバ〕

・チカラシバ属

朝露に濡れた力芝に思う。

大地にしっかりと根を張り、容易には引き抜けないことから力芝。実際、引き抜くとどっさりと土がついてきます。

花序はモノトーン調で、決して派手ではありませんが、朝露に濡れ、朝日を浴びた光景は、えも言われぬほど美しいものです。

同じものが数多く、揺らぎを持って群がっている様は、命のリズムと呼ぶにふさわしいもの。加えて水滴が光を含んでいた時には、尚更のこと。

自然を美しいと思った時に、人は命の洗濯をすることができます。

花期：8 〜 11 月
撮影：9 月 25 日
分布：日本全土
草丈：〜 80cm くらい
多年草

秋の狗尾草

〔アキノエノコログサ〕

・イネ科
・エノコログサ属

自然に触れて、何を学ぶ？

自分の中ではこれは猫じゃらし。しかし改めて調べてみると、この形態の野草には何種類もあるようです。猫じゃらしと呼んでいるのはエノコログサのこと。それより大型で、果穂が虹なりに垂れてくるのがアキノエノコログサ。そして周囲についている毛が黄金色に輝くのがキンエノコロ。

植物の分類とは難しいもので、細かい差異をカウントしていくとなかなか特定できません。在野の山野草愛好家にとって一番大事なことは、自然との関わりを楽しむこと。その中で、ほんの少しづつでも命の感覚を養っていくこと。自然に学ぶとはこのことで、決してカタログを丸暗記することではありません。さぁ、気楽に自然と触れ合い、自由に感じ、考えてみましょう。

花期：8～11月
撮影：9月29日
分布：北海道、本州、四国、九州
草丈：～80cm
1年草

葦〔アシ〕

・ヨシ属

日本は、豊葦原の中つ国。

「人間は自然のなかでもっとも弱い一茎の葦にすぎない。だが、それは考える葦である」パスカルは本当にこの葦を見てそう言ったのでしょうか!? 普段目にしている側からすると、このたとえに葦が出てくる必然性がなかなか理解できません。

一方、古事記には「豊葦原中国（とよあしはらのなかつくに）」という地名？ この世の位置づけ？ が出てきますが、水が豊かで、数多くの植物が生茂る中の代表として葦を出し、この世の日本の原風景を言い表したのだとしたら、こちらの例えはよくわかります。

水辺に茂る葦は、水を浄化してくれると言います。条件が整っていれば、葦は強靭な植物のように見受けられます。

花期：8～10月
撮影：9月29日
分布：日本全土
草丈：～300cm
多年草

芋傍食

〔イモカタバミ〕

・カタバミ科
・カタバミ属

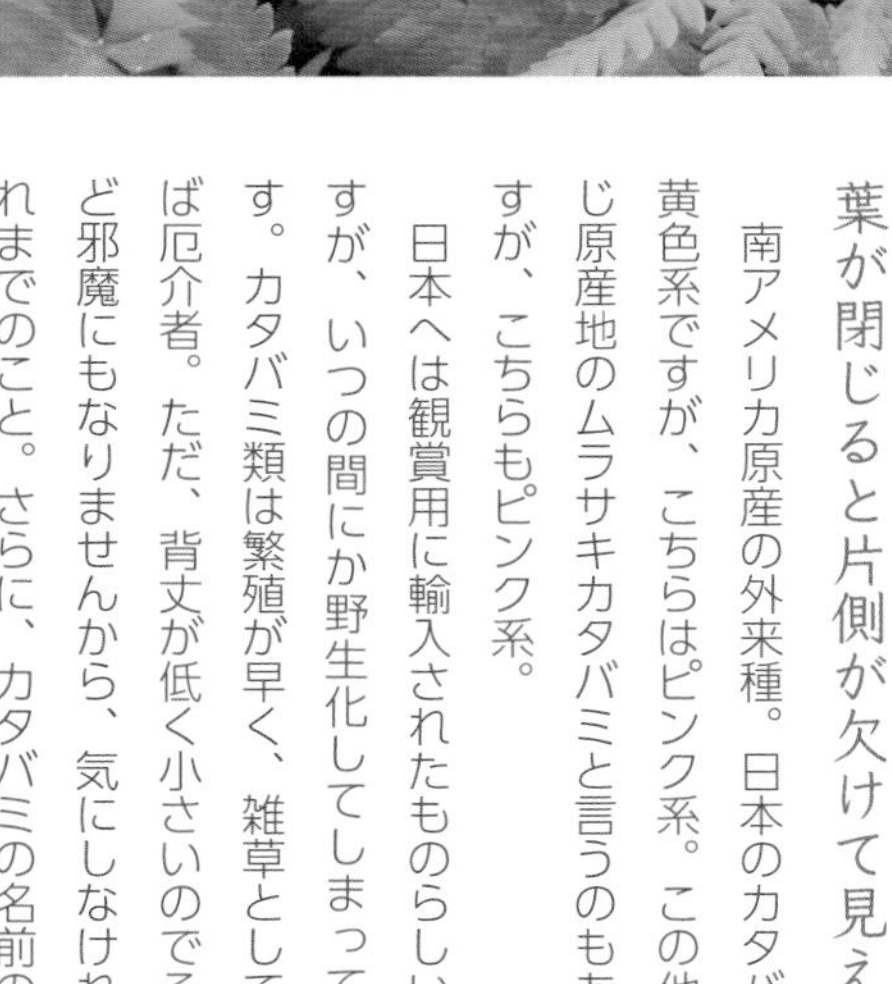

葉が閉じると片側が欠けて見える。

南アメリカ原産の外来種。日本のカタバミは黄色系ですが、こちらはピンク系。この他に同じ原産地のムラサキカタバミと言うのもありますが、こちらもピンク系。

日本へは観賞用に輸入されたものらしいのですが、いつの間にか野生化してしまっています。カタバミ類は繁殖が早く、雑草としてみれば厄介者。ただ、背丈が低く小さいのでそれほど邪魔にもなりませんから、気にしなければそれまでのこと。さらに、カタバミの名前の由来の如く、夕方になれば葉が睡眠運動をするのでよりコンパクトになります。

花期：4～9月
撮影：9月29日
分布：南アメリカ原産
多年草

大巻耳〔オオオナモミ〕

・オナモミ属

北米からのインベーダー。

このロボットのような外来種、日本で最初に目撃されたのが一九二九年、岡山県においてだそうです。それから約百年弱で在来種のオナモミ、メナモミを圧倒し、関東地方以西では、ほとんどがこのオオオナモミになってしまっているそうです。要注意外来種、日本の侵略的外来種ワースト百にも指定されてます。

こうした現状を知ると、なぜ、強い外来種が多いのかと考えざるを得ません。日本の気候風土は植物にとって生きやすい条件を備えているのは間違いないでしょう。そこに過酷な状況で鍛えられてきた植物が渡来し、爆発するように大手を振って生育しはじめると言うことなのでしょうか…。

花期：8～11月
撮影：9月29日
分布：北海道、本州、四国、九州、北アメリカ原産
草丈：～200cm
1年草

九月

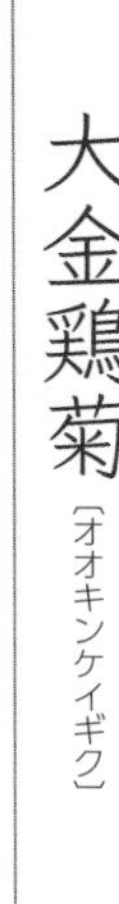

大金鶏菊

〔オオキンケイギク〕

・キク科
・ハルシャギク属

導入して、排除して。

車を運転しているときに見かける黄色い花。車道沿いを延々と何百メートルにもわたって咲いている時があります。それは大方オオキンケイギクであろうと思われます。

日本へは、一八八〇年代、鑑賞目的で導入されたと言うことですが、あまりの繁殖力の強さに、現在は、特定外来生物に指定されています。さらに、その中でも日本の侵略的外来種ワースト百にもなっているそうですから、栽培は禁止。

日常次元で、人と自然の関わりがあれば、大ごとになるものも少なくなると思います。その気があれば、人間は最大のバランサーになることができます。逆も然り。

花期：5～9月
撮影：9月29日
分布：北アメリカ原産
草丈：～70cm
多年草

鬼野老〔オニドコロ〕

・ヤマノイモ属

かつてオニドコロ漁法があった。

長寿を祈る正月の飾りに、このオニドコロの根茎が使われることがありますが、食べるとなると、渋くてとてもではないが食べられないそうです。

様々な成分を含み、用い方では薬用にもなり、多摂取すると胃や腸の粘膜が爛れるほどの強い成分が含まれているようです。薬効としては、消炎、利尿作用、リウマチや腰、膝の疼痛に効くそうですが、一方、古来、根を砕いて川に流すことで、漁獲の一手段として利用したようです。魚を麻痺させて、動きが鈍ったところを捕獲する漁法だったとのこと。

花期：7～8月
撮影：9月29日
分布：北海道、本州、四国、九州
多年草。つる性。

小錦草
〔コニシキソウ〕

・トウダイグサ科
・ニシキソウ属

小さな小錦に軍配。

明治中期、北アメリカから渡来してきたコニシキソウ。さぞ体格が良いのだろうと思いきや、小さい。在来のニシキソウよりも小さいからコニシキソウ。しかし、繁殖力は大で、ニシキソウを圧倒していると言います。

確かに、畑や庭、ちょっとした空き地があればどこでも見かけます。そしてニシキソウよりは密度が濃いうえに見かける比率も多いように思います。

いつも思うのですが、何故在来種は外からきた野草に負けてしまうのか、生物学的に何か明確な答えがあるのでしょうか？　ご教授を受けたいところです。

花期：6～9月
撮影：9月29日
分布：北アメリカ原産
草丈：～20cm
1年草

笹萱〔ササガヤ〕

イネ科・アシボソ属

収まりの効用。

葉が笹の葉に似ていることからササガヤ。全体に線が細く、目立たない野草です。果実が衣服につくこともないので、チヂミザサの中を歩く時のように気を使わなくて済みます。

林内や林縁、庭の片隅など、ごく普通に目にすることができます。当然、草取りの対象となりますが、割とスムーズに引き抜くことができます。横にはった茎の節々から根が出ていますので、引き抜くと、プチ、プチ、プチ…とリズミカルな音がして、何となく草取りをした気分がして収まりがつきます。そうです、何事にも気持ちの収まりがつくことが大切なのです。

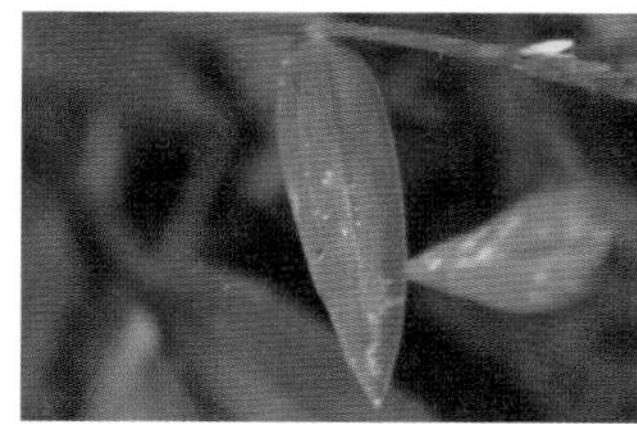

花期：8 ～ 10 月
撮影：9 月 29 日
分布：北海道、本州、四国、九州
草丈：～ 70cm
1 年草

浅間平江帯

〔アサマヒゴタイ〕

・キク科
・トウヒレン属

植物同定は難しい。

地面から根出葉が現れ、しばらくの間はキバナアキギリだとばかり思っていました。しかし、成長する様子を追っていくうちに、違うことがわかり、開花を待ってはじめて調べ始めました。キク科トウヒレン属まではすぐに分かりましたが、アサマヒゴタイかセンダイトウヒレンかで随分迷いました。

最後は生息分布地の解説を見てアサマヒゴタイと判断しました。

ここは栃木県那須町、関東地方の最北部です。

花期：8～9月
撮影：9月29日
分布：本州
草丈：～80cm
多年草

彼岸花
〔ヒガンバナ〕

・ヒガンバナ属

曼珠沙華に軍配。

九月のお彼岸の頃に咲くから彼岸花、というのが名前の由来。他に、誤って食べると彼岸に行くしかないから、という説もありますが、こちらの説には夢がありません。確かに、有毒植物のようですが、きちんと毒抜きをすれば、いざという時の救荒植物にもなったという経緯があります。

別名は曼珠沙華、こちらの名前はいかにもという感じで恐れ入りました。その他、地方名、方言を含めると物凄い数の呼び名があるようです。一説には千以上もあるとか。人の暮らしと、何かただならぬ関わりを感じます。

花期：9月
撮影：9月29日
分布：日本全土
草丈：～50cm
多年草

大葉升麻

〔オオバショウマ〕

・キンポウゲ科
・サラシナショウマ属

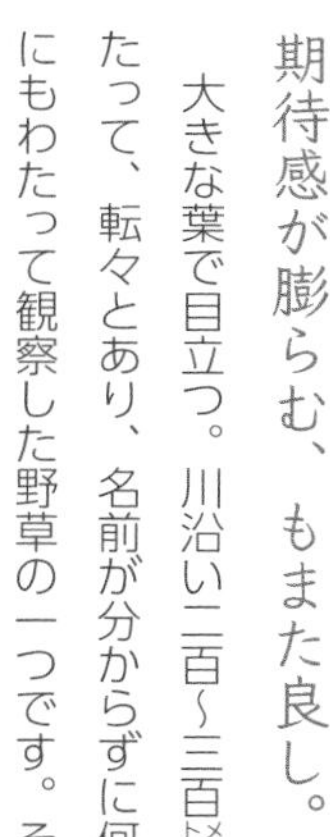

期待感が膨らむ、もまた良し。

大きな葉で目立つ。川沿い二百〜三百㍍にわたって、転々とあり、名前が分からずに何ヶ月にもわたって観察した野草の一つです。その分印象が強く、花が咲いたときのワクワク感もひとしお。

伸びた花柄に蕾がたくさんつき、きっちり順番にというわけではありませんが、花はだいたい下の方から開いていくようです。花軸の全方位に白い花びらを噴射した形です。

ワクワク感をいただいたお返しに、どうしても朝日の光で写真に収めたく、早朝何度も撮影に通いました。こういう時に限って、家から一番遠い被写体を選んでいたのです。

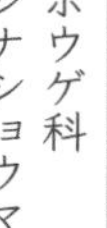

花期：8 〜 10 月
撮影：10 月 1 日
分布：本州、四国、九州
草丈：〜 100cm
多年草

掃溜菊

〔ハキダメギク〕

・コゴメギク属

中心のない寄せ集めの印象が……。

大正時代、東京都世田谷の掃き溜めで最初に見つかったことから、ハキダメギクと命名されたようです。命名者は牧野富太郎。

花や葉、パーツの一つひとつを単独で見ればそれなりによく見えるのですが、全体の印象を決めるのは、構成要素の関連性から来る調和です。そういう意味では、ハキダメギクと命名してしまった牧野博士のお気持ちも分かるような気がします。

花期：6～11月
撮影：10月1日
分布：北アメリカ原産
草丈：～60cm
1年草

姫蜜柑草

〔ヒメミカンソウ〕

・コミカンソウ科
・コミカンソウ属

心の深い人になるには……。

発見が遅れたために、開花時期の写真は撮り逃しました。しかし、姫蜜柑草の雰囲気はよく出ていると思います。

斜上する一本の茎に互い違いに等間隔で葉がつき、まるでトビウオの連続写真を見ているかのようです。この翼が一日のうちで開いたり閉じたり。

私たちは、植物がその場で動いている姿を確認する事ができませんが、時間の単位を大きくすると、動いている事が理解できます。この時間軸のズレが、生命の世界を濃密にしている大きな要因だと思います。目で確認できない動きは、心の目で想像するしかないのです。ゆえに、様々な命に触れる事で、心の奥深さが養われていくのだと思います。

花期：8～10月
撮影：10月1日
分布：本州、四国、九州
草丈：～30cm
1年草

十月

赤紫蘇
〔アカジソ〕

・シソ科
・シソ属

見るとは、対象に光を当てること。

畑から逃げ出したのか、ごく普通に道端や林縁に生えています。もう何十年も見ているはずなのに、花を思い出せない始末。しっかりと意識を入れて見ていない証拠。花が咲いてみて、あぁそうそう、という体たらくです。

焦点を合わせてものを見るということについて、最近、ちょっと思いもよらなかったことを考えています。ものを見るとは、見る対象に光を投げかけていることでもあります。眼をつけるときは、つけても良いもの、あるいはつけなければいけないものをしっかりと選別してつけましょう。良くも悪くも結果が生じます。眼光の中には意識も入っているようです。

花期：8 ～ 10 月
撮影：10 月 2 日
分布：中国原産の帰化植物
草丈：～ 100cm くらい
1 年草

〔イシミカワ〕

・タデ科
・イヌタデ属

ネズミのフェンシング。

知らずにうっかり手を出そうものなら、この鋭いトゲのお陰で痛い思いをすることになります。植物の棘で刺された経験のある方でしたらお分かりかと思いますが、トゲの先端のほんの小さな部分が刺したところに残り、いつまでも痛い。大体刺す場所は指か掌ですので、なおさら敏感なところ。おまけに頻繁に使う部分です。

フェンシングの剣にカラフル小豆を刺したような形をしています。大きさの比率で言えば、家ネズミに持たせるとちょうど良い大きさかも知れません。もし、トムとジェリーの続編ができるなら、どこかの場面で登場させてあげたいくらいです。

花期：7～10月
撮影：10月5日
分布：日本全国
1年草。つる性。

糠黍〔ヌカキビ〕

・キビ属

現実は、もっともっと美しい。

小穂を糠にたとえての名前。全体に線が細く、今にも消え入りそうなと言う例えがふさわしいほど。

この繊細さは、肉眼ではよく捉えることができるのですが、如何せん面がないので写真に収めるのは一苦労。こんな時は困った時の神頼みで、朝露の時間か、雨上がりを狙うしかありません。

群生している糠黍の無数の小穂に水滴がつき、それは見事な自然の美を作ります。その光景を見て溜息。とてもではないが、これを写真に収めるのは不可能だ。何とかうまく撮れてもこの写真程度。しかし、これでも美しいと言ってくれる人がいます。

花期：7～10月
撮影：10月6日
分布：北海道、本州、四国、九州
草丈：～120cm
1年草

十月

千振〔センブリ〕

・リンドウ科
・センブリ属

センブリでお小遣い稼ぎ。

子供の頃から親しんでいた呼び名は、別名のトウヤク。秋になると、お小遣い稼ぎにトウヤク採りに歩いたものです。確か、一kg三千円ぐらいで引き取ってくれるところがありました。子供にとっては十分良いお小遣い稼ぎでした。そして群生地を見つけてはドキドキした経験が懐かしい。

センブリとは、健胃薬として利用されており、それが大変苦く、千回振り出してもまだ苦い、というところからの命名らしいです。

里山が荒れることでこのセンブリもほとんど見かけなくなりました。が、今、目の前が数年前から群生地になろうという勢い。二年草ということを前提に、少しづつ収穫してみようと思います。

花期：8 ～ 11 月
撮影：10 月 7 日
分布：北海道、本州、四国、九州
草丈：～ 30cm
2 年草

山薄荷〔ヤマハッカ〕

シソ科・ヤマハッカ属

誰でも最初は初心者。

ハッカの名に期待したのですが、香りはありません。花の形もハッカ属とは全く異なります。むしろ形だけで言えば、マメ科のナンテンハギやヨツバハギに似ています。

と言うことで、初対面は大きなナンテンハギだと思い誤解。よく見れば、花のつき方も、微妙な形も、葉も違います。初心者が一つひとつ新しいストックを増やしていくとは、だいたいそう言うものでしょう。

指導者なしに覚えていくとは、自分の視点が開かれていく過程を観察することでもあります。この過程を経ることで時に知識以上の感覚が養われることがあります。

花期：9～10月
撮影：10月7日
分布：北海道、本州、四国、九州
草丈：～100cm
多年草

山辣韮

〔ヤマラッキョウ〕

・ヒガンバナ科
・ネギ属

イメージは大切です。

少し前まではネギ科でしたが、今は、ヒガンバナ科に移籍しています。分類の内実について詳しくはわかりませんが、確かにヒガンバナやキツネノカミソリのような茎の伸び方をします。

さて、この花、色もきれい、形態も打ち上げ花火のようで目を引きます。しかし、名前の語感がちょっと別の場所にあります。ラッキョウと言えば、薬味系の食品がお馴染みです。人が持つイメージは馴染みの深いものから作られ、それがベースになって類似のものが印象づけられます。これを逆に辿ることが広告の世界。よく考えると人間はイメージで流される部分が多いようです。

花期：9～10月
撮影：10月7日
分布：本州、四国、九州、沖縄
草丈：～90cm
多年草

薙刀香需

〔ナギナタコウジュ〕

・ナギナタコウジュ属

香漂う薙刀の花。

花穂の片側だけに花が付き、たまに反り返っているものがあります。そこで、格が上がる名前をと思えば、やはり薙刀の形容は正解だと思います。これが「歯ブラシ」だったら夢もありませんし、あまりにも日常に引っ張られすぎて、勘弁してください、となります。

命名と書きます。名前によって命を吹き込むこと、これは人間に許されたかなり高度な創造行為だと、個人的には思っています。 薙刀香需、鉢巻きをして、きりりとした武家の娘さんが連想されます。

花期：9～10月
撮影：10月10日
分布：北海道、本州、四国、九州
1年草

竜胆〔リンドウ〕

・リンドウ科
・リンドウ属

竜と熊になぞらえて。

日本全国、リンドウを県花、市町村花としているところが沢山あります。那須町もその一つ。しかし、今、一般に言われていることは、リンドウを探すことはなかなか難しくなっていると言うことです。その背景になっている大きな要因には、やはり里山が荒れているから、と言われています。

多年草であるリンドウは、年数を経るごとに花の数を増やし、つる性ではありませんが、地べたを這うように伸び、その姿はまるで竜が地を這うがごとくです。その竜の根が、熊の胆のように薬効がある、と言うことで竜胆。リンドウに当てられた文字です。

花期：9～11月
撮影：10月14日
分布：本州、四国、九州
草丈：50～100cm
多年草。葉は互生。

亀甲白熊

〔キッコウハグマ〕

キク科・モミジハグマ属

亀と白熊。

やっと咲いてくれました。結構な数の個体数があるのですが、他は皆蕾だけで花を咲かせずに花後の姿になってしまいました。解説書には、閉鎖花（花を咲かせずに終わる）が多いとありました。

あまりにも花を咲かせてくれないものですから、ある時、たった一輪でいい、何とか花を咲かせてくださいな、と心の中で思っていることを、一度だけ言葉にして言った記憶があります。本当にそうなってしまい、なんと解釈して良いのか。ひとまず、感謝しながら写真に収めさせていただきました。ユニークな花の形です。一つの出来事として、記憶の中に残ることでしょう。

花期：9～10月
撮影：10月18日
分布：北海道、本州、四国、九州
草丈：10～30cm
多年草

十月

千萱

［チガヤ］

・イネ科
・チガヤ属

思わず、指でつまみたくなる質感。

日本の昔の家はカヤ屋根でした。その屋根を葺く材料になる草を総称してカヤ（萱・茅）と呼びます。

この千萱も屋根を葺く時に使われた材料の一つ。群がって数多いことを「千」と表現し、千萱となったようです。

通常、花期は五〜六月、この写真の時期は稲刈りが済んだ後、いわゆる一般に言う返り咲きというタイミング。茎や根は、漢方では利尿や止血に用いられているそうです。噛むとほのかに甘い。

花期：5 〜 6 月
撮影：10 月 28 日
分布：日本全土
草丈：〜 80cm
多年草

牛の竹箆

〔ウシノシッペイ〕

・イネ科
・ウシノシッペイ属

とにかく名前を付けなければ……。

ウシノシッペイと入力すれば、だいたい今のパソコンは「牛の疾病」と変換されて表示されます。これでは一体何のこと？　シッペイに当てている漢字は竹箆。そしてこの野草の姿から連想されるのは、束ねて鞭。そうです、牛追いのムチに似ていることからの命名ということです。

それにしても、植物に名前をつけるのは大変な作業です。何しろ種類が半端ではなく多いのですから。イネ科と一口に言っても、細い線が立っているという基本形は同じわけです。最初の一つ二つはスムーズに名付けられても、最後の頃になったら詰まるような思いだったことでしょう。

花期：7～10月
撮影：11月3日
分布：本州、四国、九州、沖縄
草丈：～120cm
多年草

土木通
〔ツチアケビ〕

・ラン科
・ツチアケビ属

真っ赤な薬草、だそうです。

正式な薬効の報告はないそうですが、民間薬としては昔から知られています。婦人病や滋養強壮に効果があるとされてるのが一般的ですが、昔知り合った発明家は、腎臓の特効薬を作れると言って大変欲しがっていました。成分抽出のタイミングと方法があるのだそうです。

葉緑素がなく、自ら栄養素を作り出すことのできない腐生植物です。ナラタケと共生関係を作っており、全栄養素を供給してもらっています。代わりに何を提供しているのかは不明。

この野草も姿が見えなくなっているものの一つ。

花期：6～7月
撮影：11月4日
分布：北海道、本州、四国、九州
草丈：～100cm
腐生植物

孟宗竹

［モウソウチク］

・イネ科
・マダケ属

使い切る豊かさが、あるのです。

かつて里山では「一萱（かや）、二竹、三櫟（くぬぎ）」と言われるほど、暮らしの中で重要視された竹ですが、今は大きな社会問題の一つになっています。竹が雑木林を占領する、景観を著しく悪くする、そして植生のアンバランスが加速される。その原因は、詰まるところ人が手を入れなくなったから（利用しなくなったから）に尽きます。

しかし、理想を想像してみましょう。手入れされた竹林ほど、清々しい景観を産むところはありません。素材として様々な用途に利用できます。丈夫で長持ち。使い終わればやがて土に帰ります。後ろめたさを感じることがありません。

撮影：８月４日
分布：北限は秋田県あたりと言われている

真竹 [マダケ]

・イネ科
・マダケ属

マダケは日本の在来種。

真竹は、もともと日本に自生していたと言われています。古くから日本人の生活とは関わりが深く、様々に利用されてきました。竹取物語に述べられている通りです。

人々の生活が竹から離れ出したのが約五十年前。以来、竹林は増え放題、荒れ放題の状態です。竹は、人間が関わってこそ、美しい景観と利便性を提供してくれるのです。その利便性は、環境に極力負荷をかけることがないという大きな利点を持っています。世の中全体が、もう一度竹の有効利用を考えてくれることを望みます。

花期：120 年周期
分布：日本全土

淡竹

［ハチク］

・イネ科
・マダケ属

ハチクは「淡竹」と書きます。

マダケ属ハチクは中国原産。日本への渡来時期についてははっきりしませんが、七五〇年には記録が残っているそうです。

現在の日本の三大竹の一つで、耐寒性もあることから、その分布は北海道南部までに及ぶそうです。

材の性質から利用途も多く、細かく割れることから茶筅など茶道具に、枝が細かく分枝することから竹箒に、さらには内側の薄皮が笛の響きを調整する材として利用されているそうです。また、漢方薬としても利用されているとのこと。

花は真竹と同じく百二十年周期と言われ、花が咲いた後は一斉に枯れる性質があるようです。

花期：120 年周期
撮影：9 月 29 日
分布：日本全土

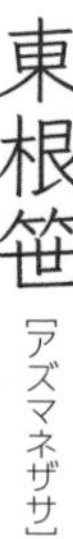

東根笹

［アズマネザサ］

・イネ科
・メダケ属

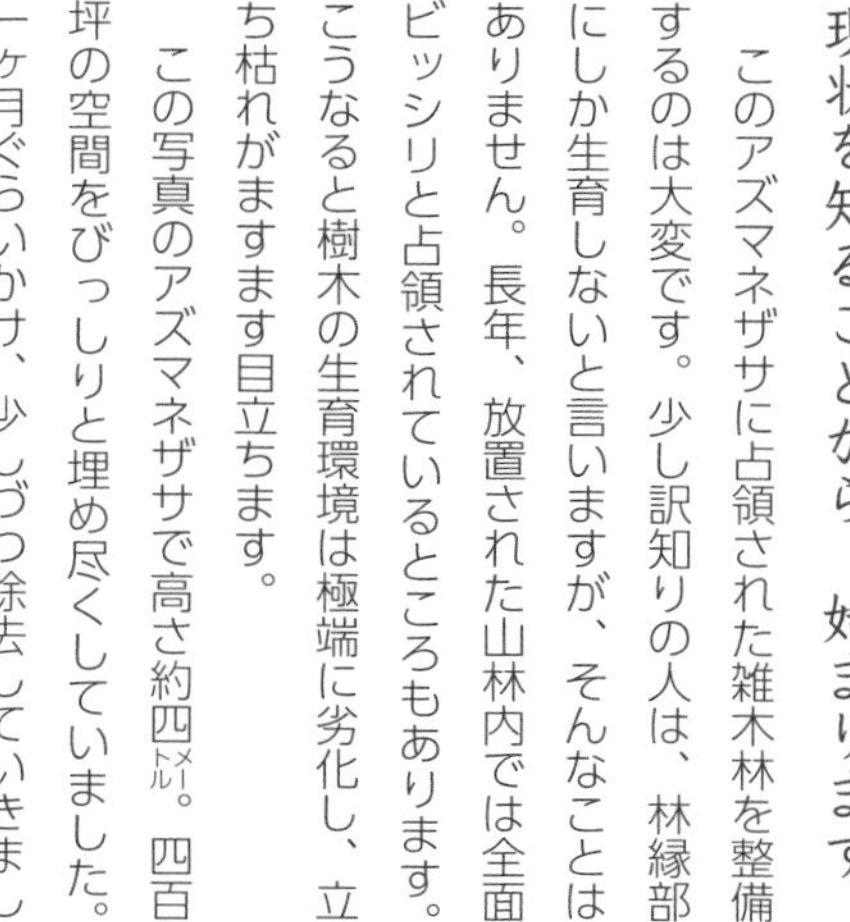

現状を知ることから、始まります。

このアズマネザサに占領された雑木林を整備するのは大変です。少し訳知りの人は、林縁部にしか生育しないと言いますが、そんなことはありません。長年、放置された山林内では全面ビッシリと占領されているところもあります。こうなると樹木の生育環境は極端に劣化し、立ち枯れがますます目立ちます。

この写真のアズマネザサで高さ約四メートル。四百坪の空間をびっしりと埋め尽くしていました。一ヶ月ぐらいかけ、少しづつ除去していきましたが、その間、刈払い機の刃を何枚ダメにしたことか。

そうは言っても、この責任は植物にはありません。利用目的で移植し、結局、管理できなかったのは人間なのですから。

花期：春から初夏
撮影：9月23日
分布：北海道、本州
背丈：～500cm

篶竹［スズタケ］

・イネ科
・ササ属

笹の勢力を弱めることが、第一歩。

里山の林床を覆い尽くしている笹。一般にクマザサと言われていますが、隈笹は総称として言われることもあり、日本海側ではチシマザサ、太平洋側ではスズタケが多いと言われています。

この笹が林床に密生すると大概の野草はもう太刀打ちできません。時間が経てば経つほど、独占傾向が強まるばかりです。地面を掘って縦横無尽に張り巡らされた笹の根を見れば、納得せざるをえないでしょう。

しかし、これは笹が悪いのではなく、人間が管理できなくなっただけのこと。この現状を変えていくには、一度徹底的に笹の勢力を弱めることからしか始まらないのです。

撮影：7月17日
分布：日本全土
草丈：～200cm
多年草

おわりに

三〇〇種類以上の山野草を紹介してきました。六〇〇メートル圏内で確認されたものだけです。名前が特定できなかったものもあります。見過ごしてしまったものもあると思います。ですから実際にはさらに多くの種類があることでしょう。

こうして一冊の本にまとめてみると、気づかされることがいくつもあります。山野草の世界は、いかに多様性に富んでいるか、形態や性質、そして色においても。特に色の宇宙（世界ではなくあえて宇宙と表現したい）には改めて感動を覚えます。この色の感覚が感性のベースになっているとしたら、時代はきっともう少し違った姿を見せてくれていることでしょう。

それから何と多くの山野草が薬効を有していることか、これにも改めて驚かされました。人間を含めた動物は、植物がなければ生きられない上に、具合が悪くなればなるで、また植物の力をかります。植物は様々な力を地球から携えて地上に姿を表してくれているのです。このこと一つとっても、植物多様性を維持することは、人類の大切な役目だと思います。

そして、山野草の全体の相が、いかに人間の暮らし方、考え方、心の世界を反映しているかということも、改めて確認することができました。さる芸術家が、ここまで自然環境が荒れていては人間の心が育たない、と断言されていましたが、決して大袈裟なことではなく、その通りであろう思います。一番最後に出てくる荒れた里山林の整備記録を見ていただくと、その辺りのニュアンスを理解していただけると思います。

山野草に連ねて竹、笹もご紹介してきましたが、それは里山の植生バランスを取り戻す上で、ダイレクトに関係しているからです。確かに特定外来種との兼ね合いの問題もありますが、優先順位から言えば、圧倒的に竹や笹との調整を優先すべきでしょう。

人間が利用しなくなっただけで、竹は今も昔も潜在的有効利用度の高い植物であることに変わりはありません。様々な製品化が可能であり、プラスチックと比べて、少し手間がかかる、利益率が良くない、その程度の効率上での違いですから、社会の意識が変わればすぐに利用されることになるでしょう。そして竹を利用して圧倒的に優れた点は、使い終わった後に後ろめたさを残さないということです。プラスして景観の維持と植生バランスの維持が図れます。

利益の最大効率を目指した考え方から、資源の最大利用率を目指した考え方にシフトすることができれば、後ろめたさのない、本当の豊かさに一歩近づくことができるでしょう。この方向に向かった時、日本人はおそらく最高の力を発揮できることが証明されるはずです。なぜなら、これほど自然にめぐなれた環境に生まれて、生きて、そして本来の自然への関心と、感謝の心がもてる状態になった時、そうすることが一番心地よいと思えるからです。

最後に、植物の同定及び性質を調べるにあたっては以下の文献を参考にさせていただきました。この場を借りてお礼を申し上げたいと思います。

参考文献

春の野草（山と渓谷社、永田芳男著）
夏の野草（同上）
秋の野草（同上）
日本の野生植物1~3（平凡社刊）
原色日本植物図鑑1~3（保育社刊）
原色日本帰化植物図鑑（保育社刊）
原色園芸植物図鑑（保育社刊）
園芸植物大事典（小学館刊）
原色牧野和館薬草図鑑（北隆館刊、牧野富太郎著）
原色牧野植物大図鑑（北隆館刊、牧野富太郎著）
野に咲く花（山と渓谷社刊）
山に咲く花（山と渓谷社刊）
日本の野菊（山と渓谷社刊、いがりまさし解説）
野の草花図鑑1~3（偕成社刊、杉村　昇著）
山野草ガイドブック（永岡書店刊、高橋秀男監修）
日本野生植物館（小学館刊、奥田重俊編著）
雑草や野草がよーくわかる本（秀和システム刊、岩槻秀明著）
野草・雑草の事典530（西東社刊、金田初代文・金田洋一郎写真）
薬になる植物図鑑（柏書房刊、増田和夫監修）
植物の世界1~103（朝日新聞社刊）
毒草大百科（データハウス刊、奥井真司著）
寺崎日本植物図譜（平凡社刊、寺崎留吉著）

特別レポート　四十五年放置里山林の整備実践報告

今、日本中の里山が泣いている。

里山放置林の様子

幼少期、親が「木の葉さらい」の仕事をしている傍ずっと一人で遊んでいたところです。不思議なもので、木の葉を集めるときの音が鮮明に記憶に残っています。五十年前の記憶です。それから小学校への通学路の途中にありましたので、毎朝、目に入ってくる風景の一つでした。四十五年前、雑木林はどこもきれいで、清々しかったことを覚えています。

十八歳から四十一歳までの二十三年間を「外」で暮らしました。時々、生まれ故郷へ帰ってきて、車の中から通りすがりにこの雑木林を目にすることはあっても、車から降りて、自分の足で中へ入ってくることはありませんでした。正確には、あり得ませんでした。とてもではないが、人がまともに中へ入っていけるような状態ではありませんでしたから。

四十一歳の時に、意を決して生まれ故郷に戻り、長年の懸案だった里山整備に着手します。それから十五年、生まれ育った地区のほとんど全ての里山林の整備を済ませました。敢えてこの一画だけを手付かずのまま残しておいたのは、この原稿を書くためだったようです。

手をかけた二十三ヘクタールの中では、景観の劇的な変化と植生の変化が如実に見られました。今回、皆様に紹介してきた三百種類を超える山野草たちは、全て昔日の里山の状態を取り戻したところに生えていたものです。種類といい、生育バランスといい、人間の暮らし空間の豊かさを底支えするものと言っても良いでしょう。山野草の様々な形、色、香など、敢えて意識せずとも、人間の感性を養う重要な要因だったと、改めて思います。

さて、比較対象にさせられたこの雑木林の様子を見てください。緑の量は多いですが、これを豊かな自然というのでしょうか。確かに五千㍍上空から眺めたら緑豊かな大地でしょう。しかし、目の前にこの光景を見た時、四十五年前の記憶が嘘のようです。この景色の中で、人間の感性がどう養われるというのでしょう。想像するだけでも気持が冷たくなります。さらに加えて後のページにあるゴミの写真を見てください。

国道沿いとあって、確かに他の場所よりは投げ捨てゴミの量が多いことは事実です。長距離幹線道路ですので、「それ特有のゴミ」も数多く捨てられています。

それでは四十五年前はどうだったかというと、投げ捨てゴミは当時もありました。しかし、今とは比較になりません。加えて、昔は国道のゴミ清掃車が定期的に巡回していたように記憶しています。今は、ほとんど見かけません。

長年放置されたところとは、以上のような状況ですが、敢えてこの空間を紹介してみましょう。

この雑木林の構成樹種は、小楢、山桜、栗、エゴノキ、紫式部、サクラバハンノキ、ウワミズザ

林床写真1

林床写真2

林床写真3

クラ、イボタノキ、ホオノキ、赤松、クヌギ、クマシデなどが主要な構成樹木です。山野草では、ノブドウは確実に確認しましたが、圧倒的に多いのは熊笹です。九十九・九パーセントの構成比率だと見受けられました。これが極端に荒れた里山の現状です。確かに、この状態の意味を持って、人間の感性を養うことでしょう。しかし、日本人の細やかな感性を養うには、ちょっと無理がありそうです。

一目瞭然のようですが、あえて林床の解説を試みてみます。

林床写真1。中へ入っていくために、通り沿いから笹を刈り払う。笹以外の野草は見当たらず。この笹の背丈は百五十～二百センチ。生育密度は正確には数えていませんが、写真2を参考にしてください。倒木の直径は五十センチ。その周辺に直立した笹の茎が見えます。単位面積を決めてこの本数を数えれば、笹の生育密度が出てきます。

林床写真2。倒木は笹海原の下に隠れて見えませんでしたが、笹を刈り払った時に初めて姿を表します。こんな倒木が至るところにあります。倒木で多いのが、赤松、クリ、山桜。そして最近は小楢が立ち枯れしたり、倒木になるケースも見え始めてきました。樹木がまともに生育できない里山、これを自然な状態と言って良いのか、あるいは人災として見るべきなのか。

林床写真3。笹の刈り払いを進め、二十㍍奥の様子です。林床に生育する山野草は、今のところ確認できず。もしかしたら何か生えていたのかも知れませんが、目で確認できる範囲では何もなし、です。ここまでのページで、三百種類以上の山野草をご紹介してきたことが嘘のようです。五十年放置したのです。もうそろそろ社会は、この意味を真剣に考える必要があるでしょう。

投げ捨てゴミの現状

里山整備日誌より

七月二十三日　ゴミ拾いを試みるが、下草のあまりの繁茂具合と無数の「小便ボトル」の散乱に戦意喪失。別の機会にすることにする。

後になってこんな整備日誌を見ると、幹線通り沿いで酷いところは、よほど意を決してからでないと、取り掛かれないことを他人事のように思い出します。幹線国道沿いはどこへ行っても似たようなものだと思いますが、ここは自分の生まれ故郷であるし、あまり名誉なことではありませんから、とにかく、ひたすら淡々とゴミの解説だけいたしましょう。

ゴミ写真1。左奥の袋のサイズが九十リットル。長距離幹線道路特有のゴミとは小便ボトルのこと。相当数落ちています。キャップをとって中身を捨ててから集積します。

ゴミ写真2。袋の大きさは四十五リットル。全十袋。これを町のクリーンセンターまで運んで、ひとまずゴミ拾い作業は終了。

ゴミ写真3。追加で出てきたゴミ。下草がなくなると、地表が雨で洗われたり、表面の土が風で飛ばされたりしますので、土中に埋もれていたゴミがしばらくは出現してきます。三〜四年は順次出てくることでしょう。

ゴミ写真4。追加分は四十五リットル袋約二袋。これでトータル十二袋。ゴミ拾い作業に要した時間は、正味トータルで一日。

ゴミ写真1

ゴミ写真2

ゴミ写真3

ゴミ写真4

ゴミ拾いによる学び

世の中には、ゴミを捨てる人がいます。それを拾う人もいます。落ちているのがわかっていても拾わない人もいます。そしてどんなに落ちていても目に入らない人もいます。

どのタイプの人になるかは神様が決めたわけではなく、各人が自分で決めることです。そこで、自分たちが暮らす街を、地域を、少しでもよくするためにご提案です。落ちているゴミをどこでもかしこでも、何でもかんでも拾うのは大変だし不可能ですから、自分で一定の場所を決めて、ゴミ拾いを実践してみませんか。

この実践が実は、とても大切な学びにもつながります。継続して同じ所のゴミ拾いをすると、ゴミを捨てる人のことがいろいろ分かってきます。どんな人が、どういう状態で、どういう気持ちでゴミを捨てているかなど。それから、様々な意味で我が身を振り返るきっかけにもなります。さらにはゴミを捨てられた場所の気持ちを想像してしまうこともあります。

自分のことなので、恐縮ですが、一定の区間を決めて十年ゴミ拾いを実践しています。その十年間の気持ちの変化を言葉にまとめてみます。

道路脇のゴミの量のあまりの多さに愕然として始まったことですが、最初は、ゴミを捨てる人に対して、怒りながら拾っていました。次に起こった気持ちの変化は、自然に対する申し訳なさを嫌というほど味わいながら拾っていました。その後は、あまり気持ちをかき乱されることもなくなり、半分遊びながら、ゴミ捨ての心理学、ゴミの社会学でも作ってやろうとしていた時期もあります。そして今は、ほどんど考えることもなく、一つゴミを拾えば、その分その場所がきれいになって「よかった」と感じるだけです。

そして何よりも、少しでも世の中を良くしたいという気持ちで始まる行為は、どんなに小さなことでも、一番大切なことを学ばせてくれます。人間社会の一番の基本は、お互いに「おかげさま」で成り立っているということです。ですから、この「おかげさま」が本当の「おかげさま」になることが、今の時代は特に、問われているように感じてしまうのです。

あとがき

当初の目標は二つ。まず、荒れた里山環境を約半世紀前の状態にまで戻すこと。いつ達成することやら、どのくらいの労力がいることやら、皆目分からずに取り組んだこととは言え、十五年の歳月は正直長かった。しかし、この十五年間ほど直に自然から学んだことはなかったように思います。この目標がひとまず達成され、こうして「里山風土記」という本になっただけでも、幸せなことだと思っています。

そしてこれからは、里山という空間が経済システムに取り込まれるような仕組みを作っていかなければならないと考えています。これがもう一つの目標です。こちらに関しては、すでにいく通りかの青写真もできており、また、様々なアイディアも用意していますから、人、もの、金の資本の三要素が揃えば、いつでもスタートできます。理想は、すでに整備して蘇った現在の場所から始まることですが、特にこの場所に縛られるわけではありませんから、どこかふさわしい場所があれば、新天地で手掛けてみたいという希望もなくはありません。

里山が本来の機能と価値を発揮するためのキーワードは「継続」です。その継続を裏付けるには経済システムの中に上手く取り込むこと以外にはあり得ないだろうと思います。そしてその地で暮らしている方々が喜んで、楽しみながら里山を手入れできるような仕掛けを創出するしかありません。それら全体を企画するために、今までの全ての取り組みがあったのだろうと思います。

荒れた里山を整備し、農作物作りの体験をし、土地の状態を丹念に見て歩き、植生を綿密に調査し、情報発信の足がかりを作り、全体の整備におおよそどのくらいの労力が必要かを見積もることができるようになりました。そこから判断すると、里山を良い状態で維持していくことは、それほど大変なことではありませんから、手入れをする労力に見合った経済的要素をつけてあげれば済むことです。ただし、一度荒れてしまった状態を元に戻すことは、こちらは大変なことです。労力もさることながら、植生の流れを変えるには、最低限の時間が必要になります。同時に、それは自然に対する日本人の意識が目覚めていく過程でもあります。この目覚めは、里山地帯に暮らす人だけに要求されるのではなく、都会に暮らす人にも、同じく要求されてきます。遺伝子の中には「日本人の自然に対する感性」がすでにあるはずですから、誰でもキッカケがあれば、すぐに目覚めるものだと思っています。

加えて、その後押しとなるものが、様々な形で、自然界から、そして人間社会からもきているのではないかと感じます。季節の循環というにはあまりにもデタラメな気象現象。幻想の上に仮想を重ねる、あまりにも脆弱な価値観。さすがにここまでくると、違和感を覚える人が益々増えてくるのも道理です。これは解釈の仕方云々ということではなく、ある意味、根源からの叫びのようなものです。人間が生き物として、生命を宿した存在としてもっている、奥深い根源的なところからの欲求が、今の社会の在り方に、価値観に、違和感を突きつけてきているのだと思われて仕方がありません。このあたりのことに関しては、とても「あとがき」で述べ切れるようなものではありません。また、いかに多くを語ってみても、あまり意味のあることのようには思われませんから、いずれその具体的な結果を、里山風土記・展開編としてお見せできる日が来ることを願いつつ、この山野草編を締めとさせていただきたいと思います。

最後になりましたが、わざわざ現地へ足を運び、細かいことは何も言わずに、この本の出版を決断していただいたことに、しかも、編集にあたっても全てこちらの要求を丸呑みしていただき、加えて、カバー・デザインにおいては外部のデザイナー起用を二つ返事で了解してくださり、国書刊行会の佐藤今朝夫社長には感謝の言葉もありませんが、この場を借りて、親しみを込めて、感謝申し上げたいと思います。ありがとうございました。

以下、独り言を呟きながらフェード・アウトしていきたいと思います。

・国土の四十％が里山地帯と言われており、これほど価値のある可能性を有している空間が今の日本にあるだろうか。

・里山問題の総論的なことをいかに語ってみても、もはやどうにもならないところまで現実は来てしまっている。

・小さな総合産業が数多く産まれてくるのが、里山経済の今後のあり方の一つだと思う。

・自然を知るとは、形のない法則の世界の絶対性と深淵性をより実感することであり、自然に対する敬虔な気持ちを抱くことである。

・東日本大震災直後、毎日毎日ラジオを聴きながら止めどもなく涙が流れ続けたひと月間。このひと月の体験が、生きている間は、自分のよしとすることをやり続けようという思いを強くした。

・その時、その時を乗り切るエネルギーが欲しい、そういう時が誰にでもあるものです。そんな時、必要なのは…

小鳥の歌　キビタキ（渡り鳥）

里山林が本来の姿を取り戻してくると、小鳥の数も増えるようです。また、鳴き声も澄んできれいに聞こえるようになります。

小鳥は、ほぼ日の出とともに鳴き始め、自分の好きな場所で1曲か2曲歌声を披露し、場所を変えてまた1曲、そうして次から次へと木々の枝を渡り歩きます。

この音源は、早朝、ほぼ日の出とともに収録したものです。春から夏にかけて、里山の朝の空気を感じていただければ幸いです。

QRコードを読み込み、ストリーミングにてお聴きいただけます。

里山風土記　山野草編

ISBN978-4-336-07038-8

2020年11月16日　初版第1刷発行

著　者　高久　育男

発行者　佐藤今朝夫

〒174-0056　東京都板橋区志村1-13-15

発行所　株式会社　国書刊行会

電話03(5970)7421　FAX 03(5970)7427

E-mail: info@kokusyo.co.jp　URL:http://www.kokusyo.co.jp

落丁本・乱丁本はお取替えいたします。

装丁　カラーコード

印刷　株式会社シーフォース

製本　株式会社ブックアート

索引

カ